中国地质大学(武汉)实验教学系列教材
地史古生物学国家教学团队资助

精品化石图册

——普通古生物学实习教材

JINGPIN HUASHI TUCE PUTONG GUSHENGWUXUE SHIXI JIAOCAI

蔡熊飞 陈 斌 王 莉 吴丽云 编

中国地质大学出版社有限责任公司
ZHONGGUO DIZHI DAXUE CHUBANSHE YOUXIAN ZEREN GONGSI

内容提要

本书是与国家规划类教材“古生物学”配套实习的指导书，也是国内古生物学教学第一本精美化石实习图册。本着“基础扎实”和实习标本“少”而“精”的原则，我们编辑、出版可供地质类专业50～64学时古生物课程实习书。书中各门类生物标本完美、基本构造清楚，鉴定属种准确，图版制作精致，是一本提高形象化教学的参考书。可供高等院校地质类专业古生物课程实习之用。本书也具有“收藏、欣赏”的价值，也可供这方面爱好者博览。

图书在版编目（CIP）数据

精品化石图册—普通古生物学实习教材/蔡熊飞　陈　斌　王　莉　吴丽云编. —武汉：中国地质大学出版社有限责任公司，2011.7（2017.8重印）

普通古生物学实习教材

ISBN 978 - 7 - 5625 - 2601 - 8

Ⅰ.①精…

Ⅱ.①蔡…②陈…③王…④吴…

Ⅲ. 化石-高等学校-教学参考资料

Ⅳ.①Q911.2 - 64

中国版本图书馆 CIP 数据核字（2011）第 115903 号

精品化石图册 — 普通古生物学实习教材　　**蔡熊飞　陈　斌　王　莉　吴丽云　编**

责任编辑：刘桂涛　　　　责任校对：戴　莹

出版发行：中国地质大学出版社有限责任公司（武汉市洪山区鲁磨路388号）　　邮政编码：430074

电　话：(027)67883511　　传　真：(027)67883580　　E-mail: cbb@cug.edu.cn

经　销：全国新华书店　　http://www.cugp.cug.edu.cn

开本：787毫米×1 092毫米　1/16　　字数：141千字　　印张：5.5

版次：2011年7月第1版　　印次：2017年8月 第2次印刷

印刷：荆州鸿盛印务有限公司　　印数：1 501-2 100册

ISBN 978-7-5625-2601-8　　定价：48.00元

序

古生物学作为地质专业主干课，在教学上同任何地质基础课一样，实践性教学环节十分重要，可以说，自始至终是教学的难点和重点。换句话说，实验教学是古生物教学的特色，古生物理论教学必须与各门类教学标本紧密结合。因此，对古生物课而言，实践性教学环节是不可跨越的重要一环。实践性教学环节包括教学模型、各门类教学标本和图版等，其中最重要的是各门类教学标本。各门类教学标本其基本构造完整、科学的配置，是理论教学与实验教学的结合点和基础。

古生物学教学在我校已经走过近60年的历程，对于不同类型的古生物课程，如普通古生物学、各古生物门类专题课等，都能一一开出实习课。但长期以来，我校古生物标本很少得到建设和补充，再加上长期使用，标本逐年受到自然和人为损坏，日积月累损耗不少。地质科学的发展不断对古生物教学提出新要求，也需要补充和充实新标本材料。地质教育形象化教学的需要也对实习标本提出了更高的要求。因此，标本环节的不断补充和建设，不仅是地古系实验室建设可持续发展的需要，更重要的是古生物教学理论联系实际、加强形象化教学、提高教学效果的基础工程。

标本建设是个长期艰辛的工作，非一朝一夕可臻。在“十一·五”期间，作者们通过项目申请获得学校的支持。每个古生物门类逐年增加许多种类标本，经过五年的努力，古生物实习标本建设得到重大发展，初具效果。值得欣慰的是，作者们在五年标本建设的基础上，把地质专业古生物课程各门类实习标本精心照相，制成图版。标本完整，图版精美，基本构造清晰，使形象化教学效果大为提高。

希望本图册尽快出版，作者们再接再厉，朝着国内外地质学同类课程一流水平而努力！

殷鸿福

2010.12.7

目　录

第一章　教学标本建设践与行

古生物是一门古老而又有生气的学科，说它古老，是因为它在几百年前地层学建立时就占有举足轻重的地位，而在今天的地质领域有着更广阔的应用前景。古生物学作为地质专业主干课，在教学上同任何地质基础课一样，实践性教学环节十分鲜明，可以说，自始至终是教学的难点和重点。换句话说，实验教学是古生物理论教学的特色，古生物理论教学若不与各门类教学标本紧密结合起来，理论教学就是一句空话。因此，对古生物课而言，实践性教学环节是不可跨越的重要一环。

随着地球科学的发展对人才的要求以及地质教学课程改革的深入，古生物课程学时数不断锐减，由20世纪80年代初的120～160学时数缩短为目前的50学时。课程学时数大幅缩减，理论和实习课时数也必然猛压缩（表1）。在课时数猛减，而当今对人才培养的要求越来越高，这就不得不对古生物实验条件和实习内容提出了更高的要求。

表1　古生物教学计划数调整前、后的理论和实习数比较

学　科	调整前后	总学时	理　论	实　习	实习课占比(%)
古生物(普古)	1997年前	120	60	60	50
	1997年后	50	34～36	12～16	28

此外，对古生物学作为专业基础课来讲，一般面对的都是初学者，面对专业基础崭新的领域，一般理解能力较差，这样形象化教学尤为重要。作为古生物教学中最重要的形象化教学工具莫过于教学模型和教学标本。

一、标本建设是古生物理论联系实际的最重要的基础工程

俗话说，台上一分钟，台下十年功。古生物实验教学的标本建设是理论教学的最基本的工程，并不是一朝一夕的，而是个艰巨、长期、耐心的工程，需要花大力气。

从地质科学发展，也不断对古生物教学提出新要求，也需要补充和充实新标本材料。从地质教育本身形象化教学需要对实习标本也不断提出了更高要求。因此，标本的不断建设，不仅是地古系实验室建设可持续发展的需要，更重要的是古生物教学理论联系实际、加强形象化教学、提高教学效果的最基础的工程。

标本建设是个系统、艰巨的长期工作，并不是一朝一夕能完成的。在“十一·五”期间，我们以项目申请的形式，几乎每年都得到学校和学院的批准。年年每个门类增加1～3个种类标本，经过五年的努力，古生物实习标本建设得到极大发展，且初具效果。

标本建设包括二大方面，常规建设和窗口建设：常规建设就是围绕古生物理论教学的分论，也就是各个门类需要的代表性实物；窗口建设也就是围绕古生物学科发展历史上大的生物群爆发和古生物学科在地质学科有重要应用前景，但限于学时数而未涉及到的重要类型的标本建设。

常规标本建设不但需要数量，更要注重质量，尤其要在质量上下工夫。2007年以来我们以学科实验标本建设的项目形式先后得到学校资助，在数量上得到很大补充，填补了一些长期以来十分需要而一直没有的空白，质量上焕然一新。众所周知，对古生物任何标本来说，基本构造必须发育较全，也就是说，越经典、越标准越佳。几年来，广开门路，采买相结合，使古生物很多门类的代表性分子更上一层楼。以三叶虫为例。过去三叶虫标本都是头部和尾部分离的，而现在不少三叶虫代表分子头部和尾部是连接的，也就是说，是一个完整的个体。如*Redlichia*、*Damesella*个体简直与三叶虫的教学模型一模一样。*Coronocephalus*（王冠虫）不但个体完整，而且基本构造清晰，王冠构造栩栩如生。

窗口建设主要建成了地质历史中三大生物群的爆发、古生物各门类标本按照各时代在纵向上出现组合地质年代表等园地。

地质历史中三大生物群的爆发，古生物课程很少涉及。澄江动物群，保存在云南省澄江县地区，距今5.3亿年的早寒武世的早期泥岩中大量特异化石群，是显生宙全球海洋大爆发的前奏，由古蠕虫、始莱得利基虫、海口虫等组成，我们用大量标本和寒武纪早期澄江动物群的复原图组成园地。辽西动物群，是发生在距今1.2亿～1.3亿年，包括大量恐龙和鸟、虾、蝉、龟、鱼等。关岭动物群发现在贵州关岭县新铺乡黄土塘一带的三叠纪地层，主要包括海生爬行动物、海百合等，其中海生爬行动物、海百合化石数量之多、保存之完好、形态之精美，是难得的珍稀化石，我们把海生爬行动物、海百合陈列出来。这些生物大爆发包含无穷的奥秘，有助于提高同学们的学习兴趣，今后去揭开许多未知之谜。

遗迹化石紧密结合学科的发展，大力增加这方面内容，起到了补充和延伸作用。如九个遗迹相，古生物课程也不太涉及。但遗迹化石在现实许多哑地层中比较广泛发育。从九个遗迹相出发，增加了代表每个遗迹环境相的特征化石并配上环境相的展板，使同学们一目了然。

各时代的生物群组合面貌和地质年代表有助于同学们把平时分门别类学到的化石，上升到各地质时代和生物群组合面貌、演化特征上。

二、完整和精美的标本配置，是理论联系实际的基础

有较好的标本，要达到较好的教学效果，还必须在标本配置上下工夫，才能收到实效。

古生物学由于门类多，各门类基本构造不同，要求的实验标本组合就很不同。把较好的标本进行科学的配置，是理论教学与实验教学的结合点。

以珊瑚和蜓来说，仅有精彩的手标本是远远不够的，手标本能有利于同学们在野外识别，但具体属于何属何种，还必须靠微观鉴定。如珊瑚，就需要（珊瑚）纵、横向切片，把手标本与珊瑚的纵、横向薄片结合起来，是古生物理论教学的需要，也是学生们以后走上工作岗位，从事这方面研究工作需要学好的基本功。

对三叶虫来说，理论教学需要三叶虫不同属的代表分子，头和尾必须具全。因此，以往一个三叶虫属往往分别由头和尾的两块标本组成。虽然完整的二块标本，也能达到教学效果，但缺乏立体感和整体感。近几年课堂实验课，有将近三分之一三叶虫标本为完整的个体组成，也就是一块有完整的个体标本组成，收到的效果是巨大的，简直可与三叶虫教学模型媲美。

对实习标本而言，除需要个体完整外，古生物标本有一些属常有不同种。如笔石的*Didymograptus*有几个种，不但有平伸的、也有下垂的。如果实习课拿出上述的一个种，就会误导初学者，把*Didymograptus*几个种同时拿出来，有助于初学者开阔思路。

双壳类在理论教学中，过去经常是现代的双壳，常常是拿现代蚌的双壳解剖基本构造。现在的实习课中不但把现代丽蚌拿出来，还把地质时代的始丽蚌拿出来，*Corbicula*也是如此。这样便于同学们相互比较，不至于产生误导，以为这些双壳只有在现代才有，古老的地质年代没有。

三、窗口与常规（后劲与基本）的关系

我们把古生物课堂实习标本称为常规（基本功）学习标本，而围绕古生物课程和学科发展的标本建设，称为窗口学习。二者的关系对学生而言，是基本和后劲的关系。如果说，古生物课堂实习标本，是学好古生物课程的平台，那么围绕古生物课程和学科发展窗口的标本和内容建设是拓宽和深化学好古生物课程的平台。

窗口内容一般不作为指定的实习内容，而是作为学生学好古生物课程课堂实习标本的平台基础上，利用课前、课中、课后和专门时间进行开放，以便提高同学们对古生物各门类化石学习理解的综合能力和引发对地史中几次生物群大爆发的兴趣。

如地史中建立各个阶段生物群面貌和生物组合的标本和地质年代表内容，使同学们能够根据平时学好的各门类古生物代表分子，寻找地质历史中的位置和它的时代，从而掌握具体标本的作用。地质年代表的开放，使同学们能够根据平时学好的各门类的化石，体会各时代生物群组合的面貌和演化特点，从而深刻认识到，古生物学不是单一仅仅学会几个门类，而是能在地层、构造、地质演化等方面都能起很大的作用。

古生物实验教学中，形象化教学是关键。较好的各门类标本建设和配置，是最佳的形象化，也是上好每个门类实习课的关键。

古生物学窗口内容实习和常规古生物门类实习，它们不是相互排斥的，而是相互结合、相互渗透互动的平台。窗口内容实习往往巩固和大大拓宽古生物学知识面，极大地深化了古生物学常用的知识。

第二章　古生物各门类标本实习内容

2.1　实习一　原生动物门䗴亚目

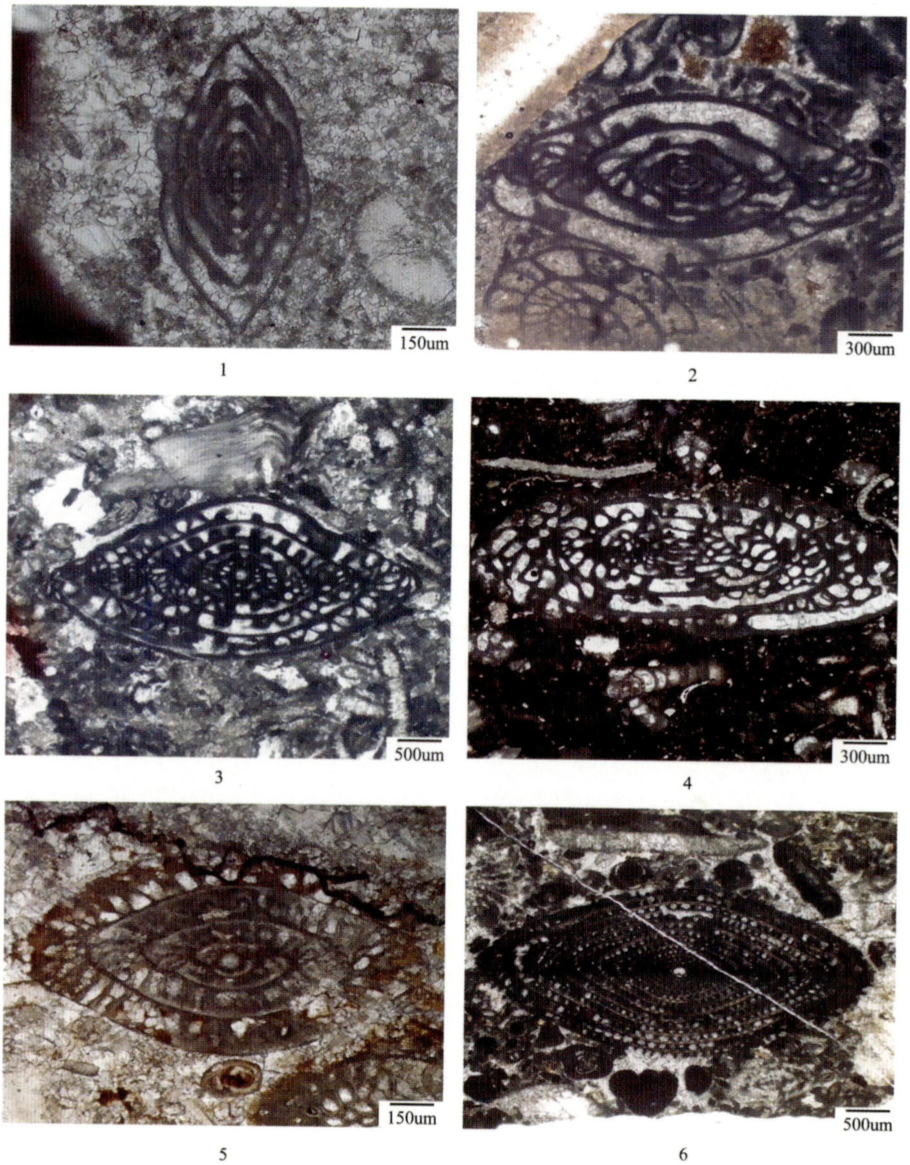

图2-1　䗴化石代表

1.*Ozawainella*; 2.*Fusulinella*; 3.*Fusulina*; 4.*Schwagerina*; 5.*Palaeofusulina*; 6.*Neoschwagerina*

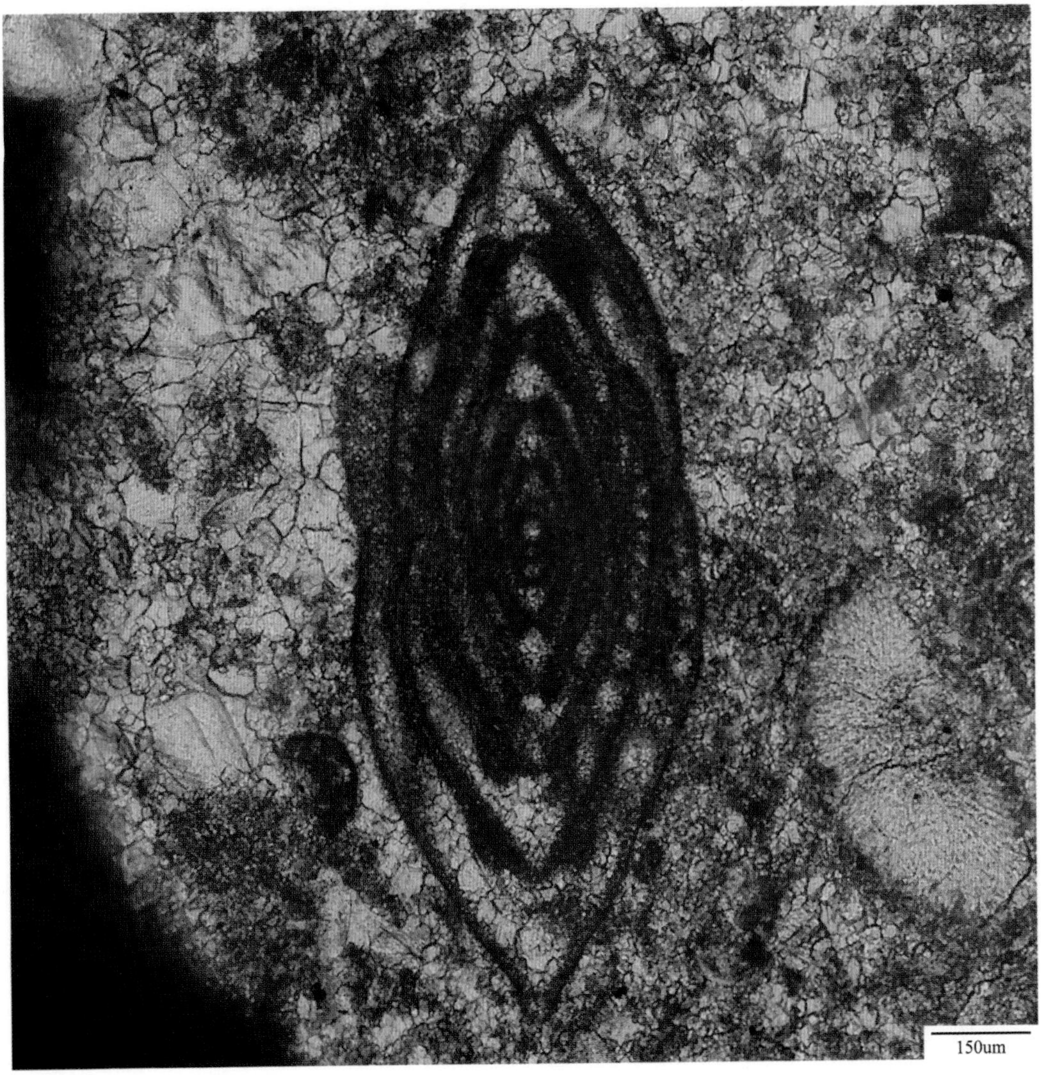

图2-1-1 *Ozawainella*形态图

Ozawainella Thompson，1935（小泽䗴）：壳小，透镜形，壳缘尖锐。旋壁由致密层及内外疏松层组成。隔壁多而平直。旋脊发育，延至旋轴两端，中石炭世至二叠纪。

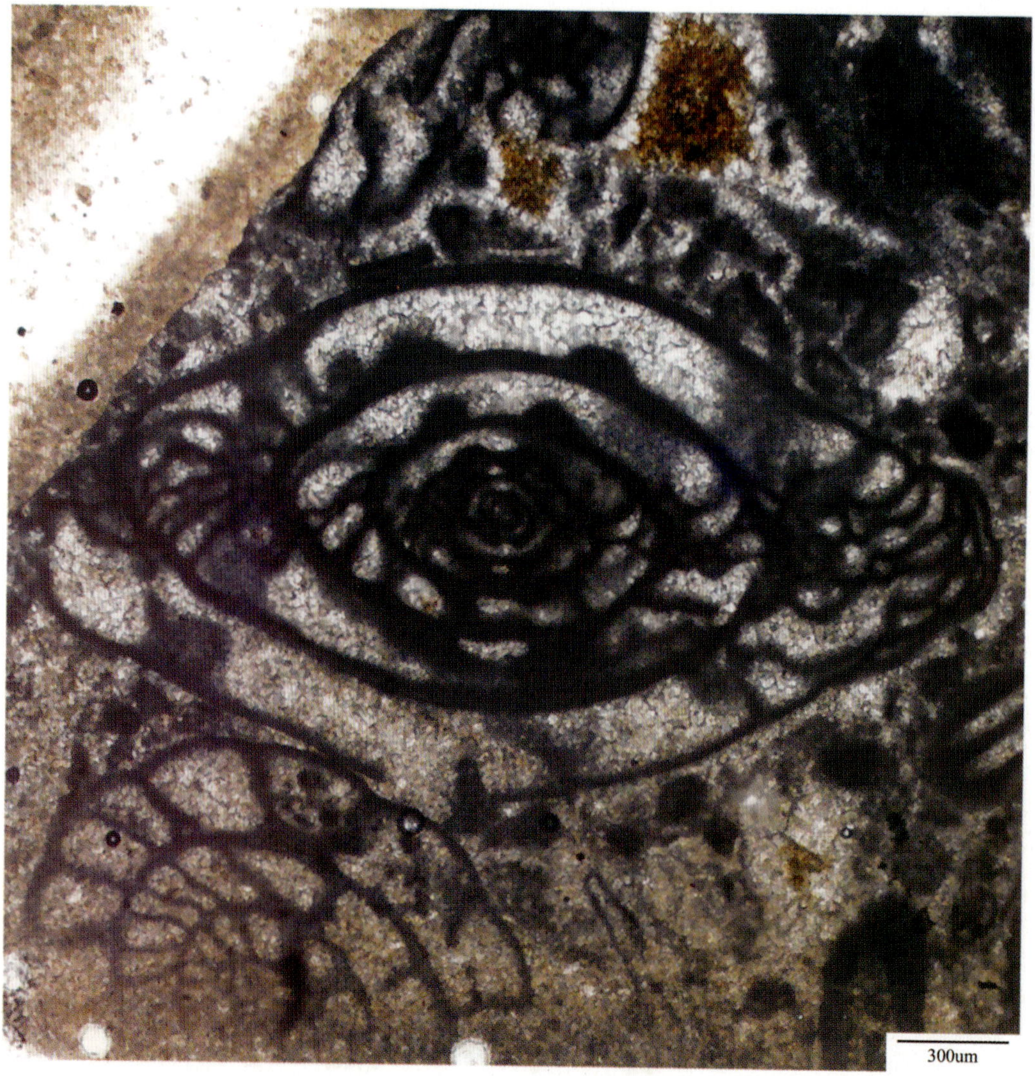

图2-1-2 *Fusulinella*形态图

Fusulinella Moeller, 1877（小纺锤䗴）：壳小至中等，纺锤形。旋壁由致密层、透明层及内、外疏松层四层组成。隔壁两端褶皱。旋脊发育，晚石炭世。

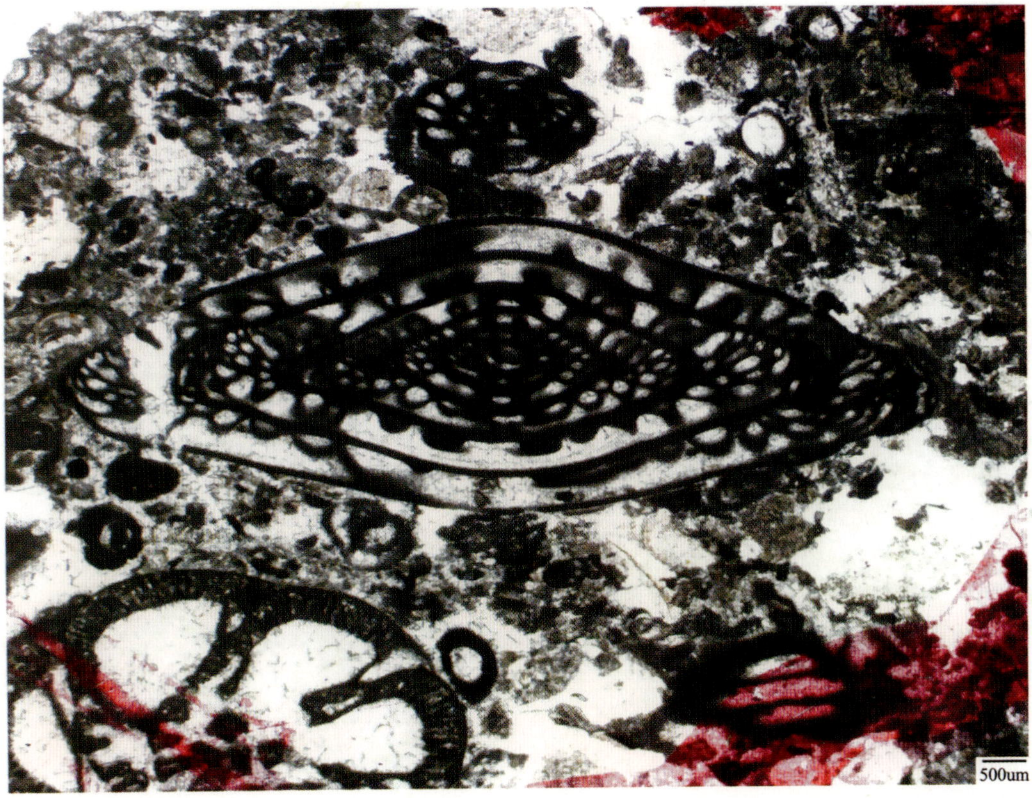

图2-1-3 *Fusulina*形态图

Fusulina Fischer de Waldhein，1829（纺锤䗴）：壳小到大，纺锤形至长纺锤形。旋壁由致密层、透明层及内、外疏松层组成。隔壁褶皱强烈。旋脊较小。中石炭世。

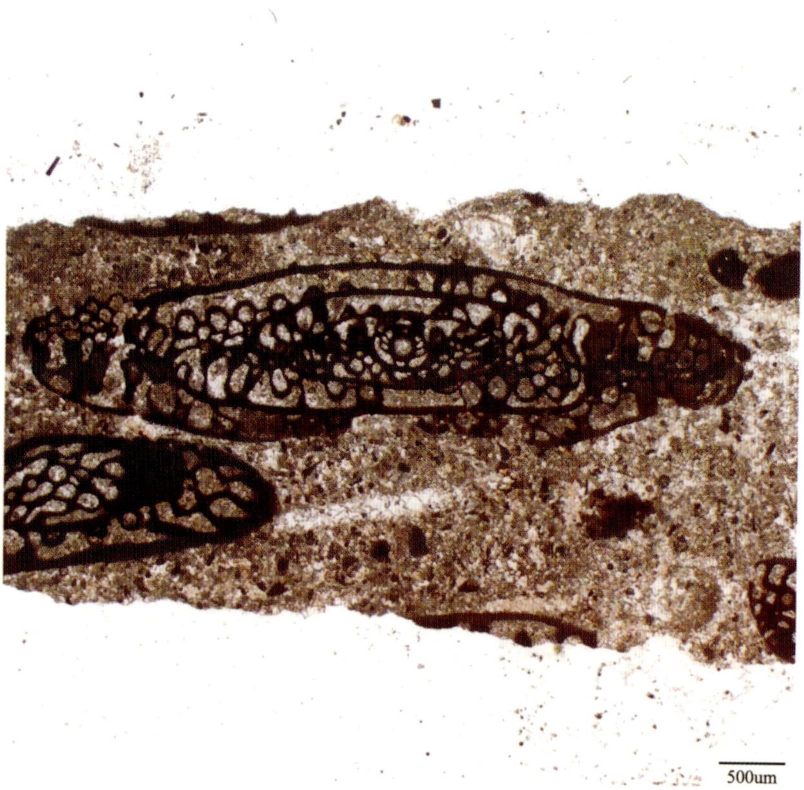

图2-1-4　*Schwagerina*形态图

Schwagerina Moeller, 1877（希瓦格䗴）：壳小到大，纺锤形、长纺锤形或圆柱形。旋壁由致密层和蜂巢层组成。隔壁褶皱强烈而不规则，旋脊无或仅见于最内圈。晚石炭世至中二叠世。

图2-1-5 *Palaeofusulina*形态图

Palaeofusulina Deprat, 1912(古纺锤䗴):壳小,粗纺锤形,中部膨大,两端钝圆,包旋较松。旋壁薄,由致密层及透明层组成。隔壁强烈褶皱。无旋脊。晚二叠世。

轴切面

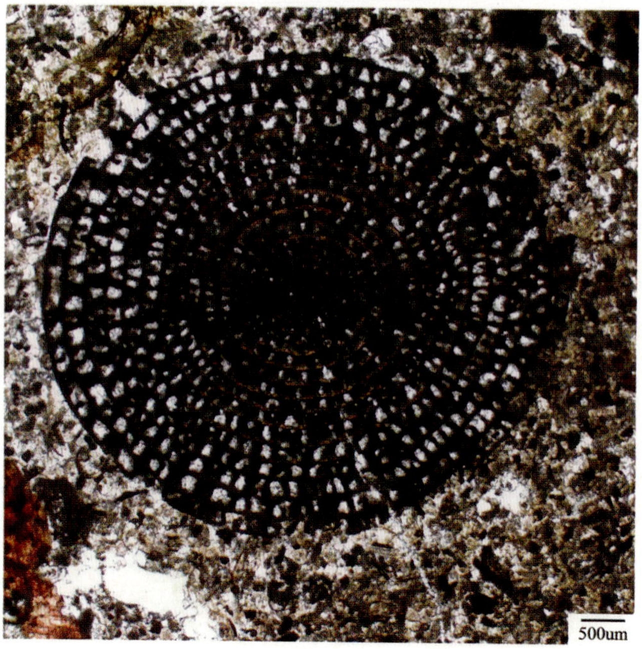

旋切面

图2-1-6 *Neoschwagerina*形态图

Neoschwagerina Yabe,1903(新希瓦格䗴):壳中等到大,粗纺锤形。旋壁由致密层及蜂巢层组成。隔壁平,副隔壁有轴向和旋向两组,每组又有第一和第二副隔壁之分。拟旋脊发育,低而宽,常与一级旋向副隔壁相连。列孔多。早二叠世晚期。

2.2 实习二 珊瑚纲

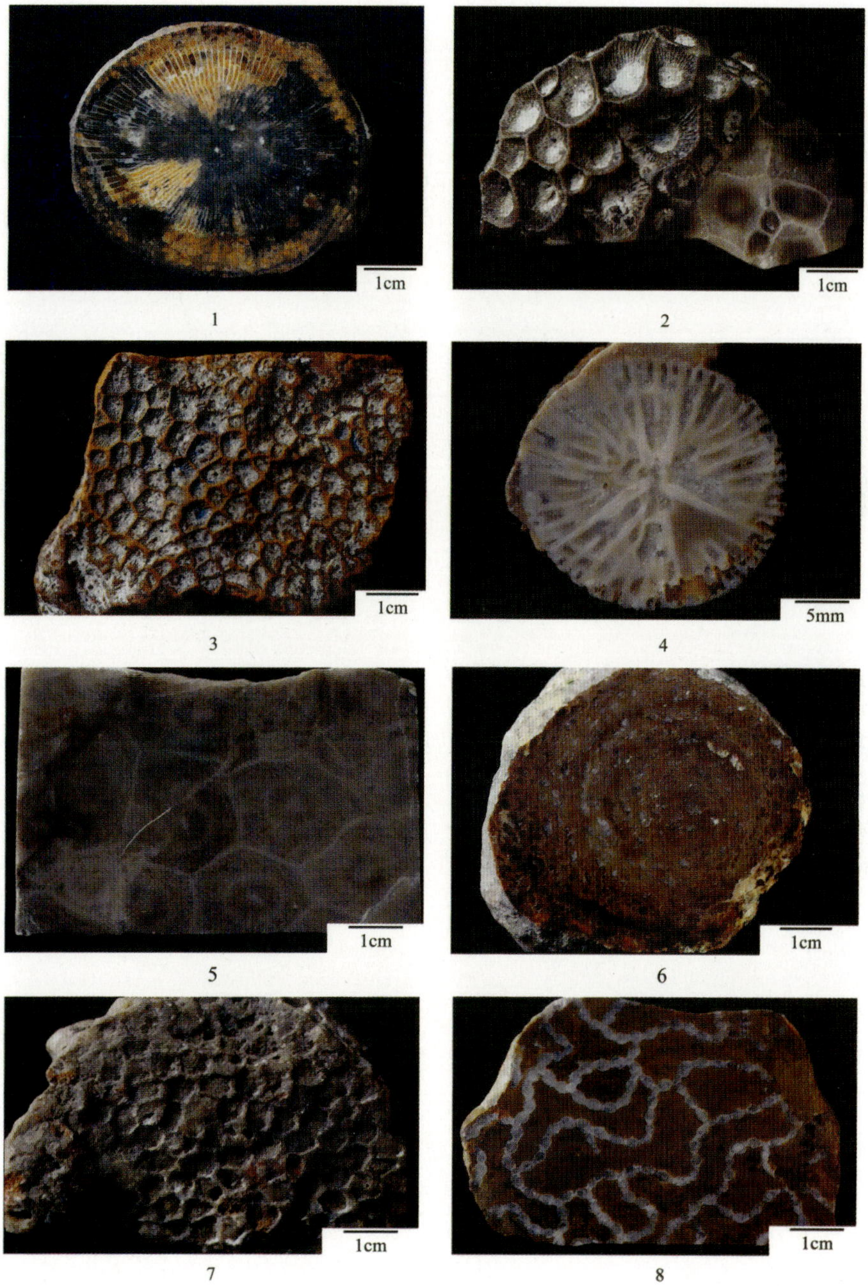

图2-2 珊瑚纲化石代表

1.*Kueichouphyllum*; 2.*Hexagonaria*; 3.*Lithostrotion*; 4.*Tachylasma*; 5.*Wentzellophyllum*; 6.*Cystiphyllum*; 7.*Favosites*; 8.*Halysites*

2.2.1 四射珊瑚亚纲化石代表

横切面标本

纵切面标本

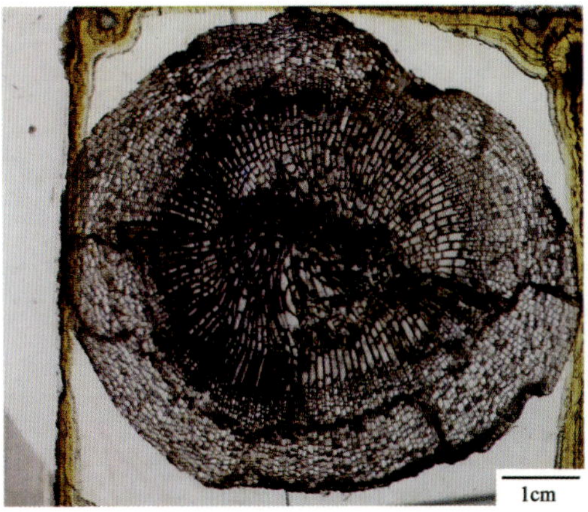

横切面薄片

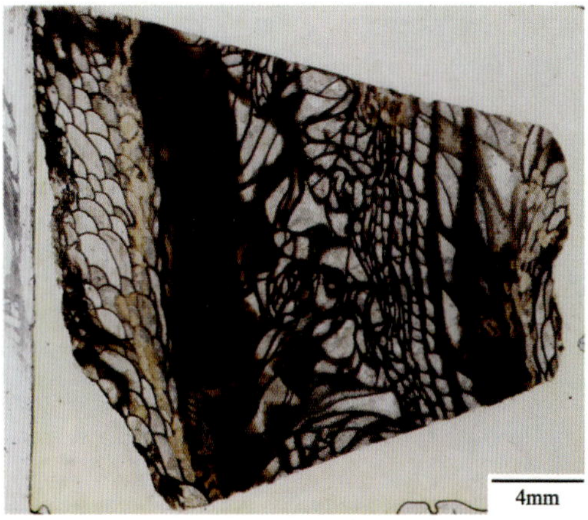

纵切面薄片

图2-2-1 *Kueichouphyllum*基本构造图

Kueichouphyllum Yu，1931（贵州珊瑚）：大型单体，弯锥柱状。一级隔壁数多，长达中心；二级隔壁长为一级的1/3～2/3。主内沟明显。鳞板带宽，鳞板呈同心状。横板不完整，向轴部升起。早石炭世。

横切面标本

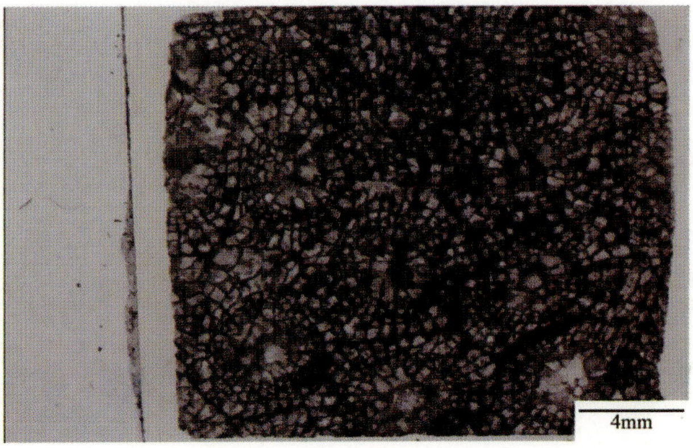

横切面薄片

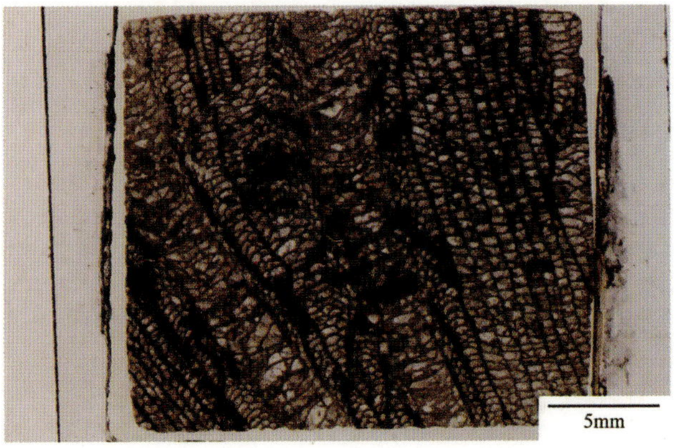

纵切面薄片

图2-2-2 *Hexagonaria*基本构造图

Hexagonaria Gurich，1896（六方珊瑚）：复体块状，个体多角柱状。一级隔壁伸达中央，横板分化为轴部与边部，轴部横板近平或微凸。中—晚泥盆世。

横切面标本

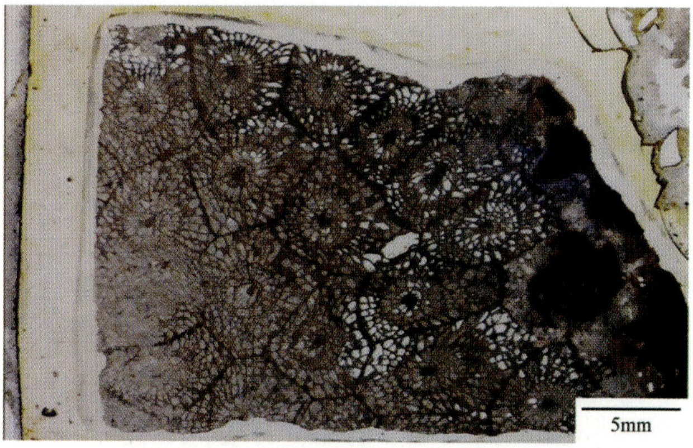

横切面薄片

纵切面薄片

图2-2-3　*Lithostrotion*基本构造图

Lithostrotion Fleming，1828(石柱珊瑚)：复体多角块状或丛状。隔壁较长，具明显中轴。横板呈帐蓬状，有的在横板带的边缘具水平的小横板。鳞板小，鳞板带一般较宽。早至晚石炭世。

横切面标本

横切面薄片

纵切面薄片

图2-2-4 *Tachylasma*基本构造图

Tachylasma Grabau,1922(速壁珊瑚):小型阔锥状单体,隔壁作四分羽状排列,对部隔壁较主部多。二个侧隔壁和二个对侧隔壁在内端特别加厚,形成棍棒状。主隔壁萎缩,主内沟明显。二级隔壁短,横板上凸,无鳞板。石炭纪—二叠纪。

横切面标本

横切面薄片

纵切面薄片

图2-2-5 *Wentzellophyllum*基本构造图

Wentzellophyllum Hudson，1958（似文采尔珊瑚）：复体块状，个体呈多角柱状，具蛛网状中柱。边缘泡沫带宽，泡沫板较小而数目多。横板向中柱倾斜，与鳞板带的界线不明显。早二叠世。

横切面标本

纵切面标本

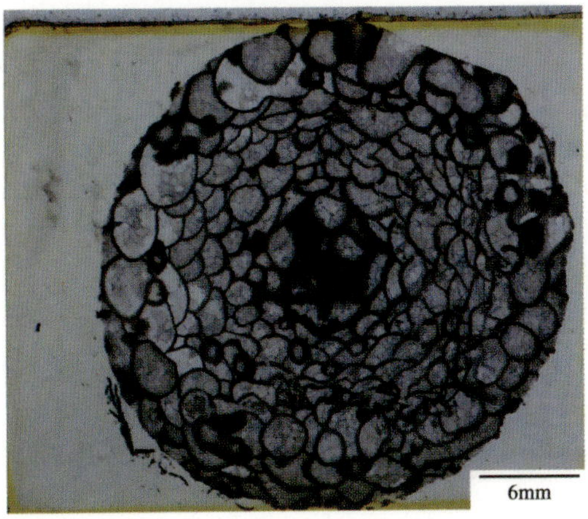

横切面薄片

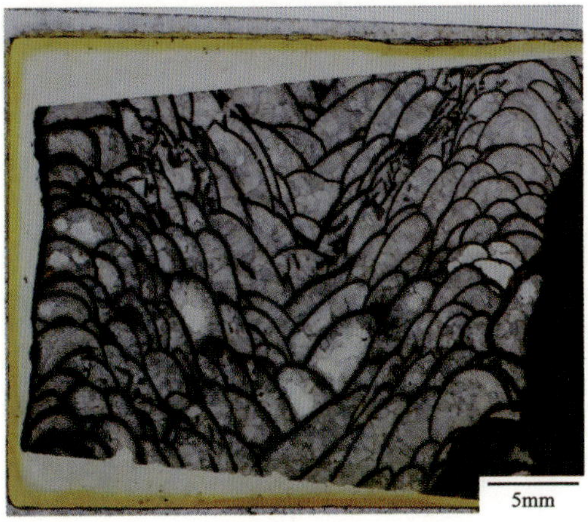

纵切面薄片

图2-2-6 *Cystiphyllum*基本构造图

Cystiphyllum Lonsdale，1839（泡沫珊瑚）：单体珊瑚，外形锥状或柱状。体内充满泡沫板。隔壁短刺状，发育于个体的周边部分及泡沫板上，横板带与泡沫带界线不清楚。横板多向下倾。志留纪。

2.2.2 横板珊瑚亚纲化石代表

横切面标本

纵切面标本

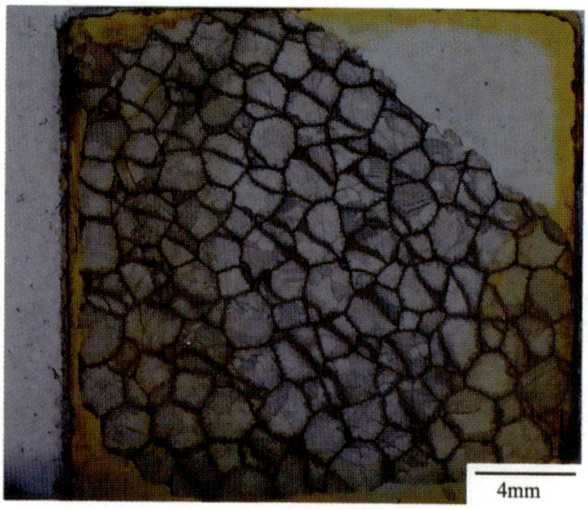

横切面薄片

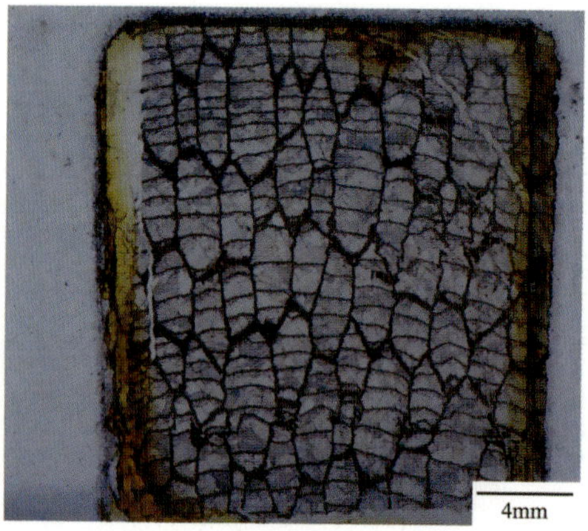

纵切面薄片

图2-2-7 *Favosites*基本构造图

Favosites Lamarck, 1816（蜂巢珊瑚）：各种外形的块状复体。个体多角柱状，体壁常见中间缝。联结孔分布在壁上（壁孔），具1～6纵列。隔壁呈刺状或瘤状。志留纪至泥盆纪。

横切面标本

纵切面标本

横切面薄片

纵切面薄片

图2-2-8 *Halysites*基本构造图

Halysites Fischer Von Wadhein，1828（链珊瑚）：链状复体，个体呈圆柱状或椭圆柱状，彼此相连而成链状。个体间发育有中间管，横板完整而多，水平状。隔壁刺状。中奥陶世—晚志留世。

2.3 实习三 软体动物门双壳纲、腹足纲

图2-3 双壳纲、腹足纲化石代表

1.*Corbicula*; 2.*Lamprotula*; 3.*Anadara*; 4.*Claraia*; 5.*Eumorphotis*; 6.*Myophoria*; 7.*Naticopsis*; 8.*Hormotoma*

2.3.1 双壳纲

1

2

3

图2-3-1 *Corbicula*构造图

Corbicula Merge,1811(蓝蚬):壳卵圆形,壳顶高突,表面具生长线。每个壳上有三个主齿,右壳前后各有两枚侧齿,左壳前后各一枚侧齿,侧齿上有细纹。白垩纪至现代。(1、2.蓝蚬,现代;3.蓝蚬,白垩纪)

1

2

3

图2-3-2　*Lamprotula*构造图

Lamprotula Simpson, 1900(丽蚌)：壳较大且厚，圆三角形至长卵形。喙近前端，壳面具粗生长线(层)，还有V形或W形的顶饰，并向后变为瘤状。齿式与*Unio*的相同，但假主齿更为粗壮。中侏罗世至现代。(1、2.丽蚌；3.始丽蚌)

1

2

图2-3-3 *Anadara*构造图

Anadara Gray, 1847（粗饰蚶）：斜四边形，具宽的基面，其上有人形槽。铰缘直，短于壳长。沿铰缘一排栉齿，两侧齿微曲，内腹边缘锯齿状，无外套湾。壳面具粗射脊，其上常有同心沟纹。白垩纪至现代。

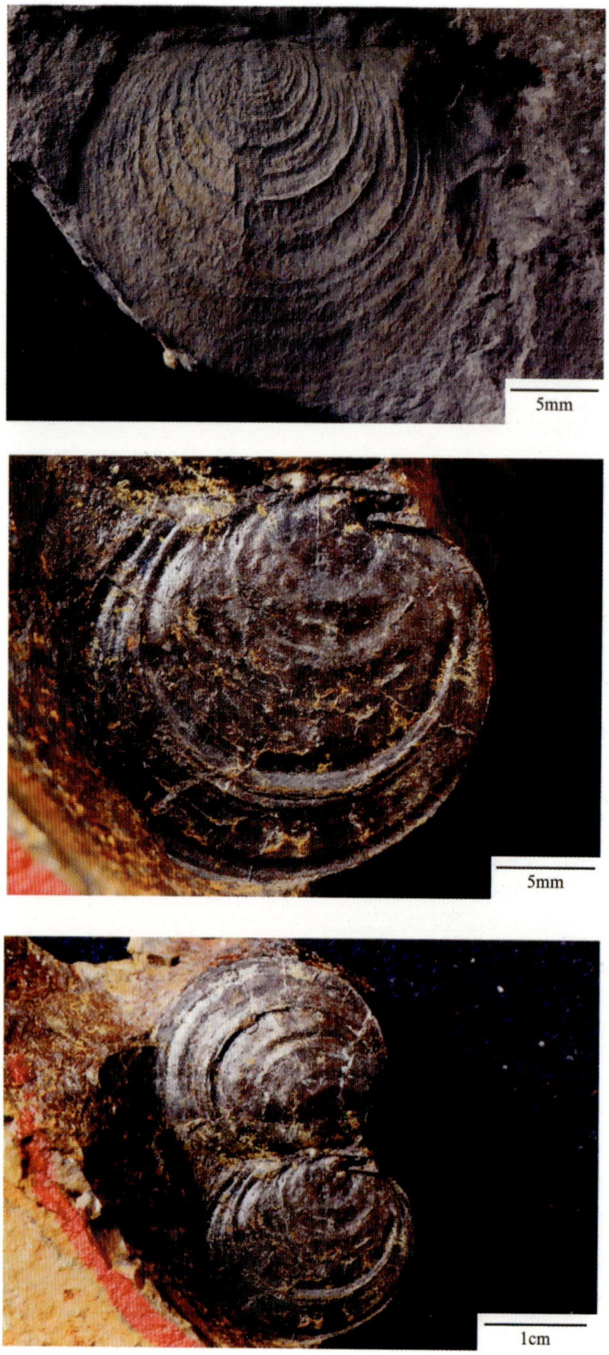

图2-3-4　*Claraia*构造图

Claraia Bittner，1900（克氏蛤）：壳圆或卵圆形，左壳凸，右壳平，喙位前方，铰缘直而短于壳长，前耳小，足丝凹口明显，后耳较大，与壳体逐渐过渡。具同心线或放射线。早三叠世。

图2-3-5 *Eumorphotis*构造图

Eumorphotis Bittner，1900（正海扇）：它与燕海扇相似，所不同之点是本属前耳小后耳大，前耳凹深，后耳与壳逐渐过渡。早三叠世。

图2-3-6　*Myophoria*构造

Myophoria Bronn，1834（褶翅蛤）：壳近三角形，铰缘短，具后壳顶脊。喙前转。壳面光滑或具放射脊，齿系为裂齿型。三叠纪。

2.3.2 腹足纲

图2-3-7 *Naticopsis*构造图

Naticopsis McCoy,1844(似玉螺):椭圆形,低螺塔,大体环。螺环切面圆,壳口卵形,外唇几成直线,但与螺轴斜交;壁唇覆以加厚壳质,无脐,仅具生长线。泥盆纪—三叠纪

图2-3-8 *Hormotoma*构造图

Hormotoma Salter,1859(链房螺):螺塔高,螺环多,切面凸圆,缝合线内凹。壳口窄,椭圆形,缺凹宽,裂带位于轴环中或下部,但内核上看不到。壳面具生长线。奥陶纪—志留纪

2.4 实习四 软体动物门头足纲

图2-4 头足纲化石代表

1.*Armenoceras*; 2.*Sinoceras*; 3.*Discoceras*; 4.*Manticoceras*; 5.*Altudoceras*; 6.*Pseudotirolites*; 7.*Protrachyceras*; 8.*Ceratites*

2.4.1 鹦鹉螺类化石代表

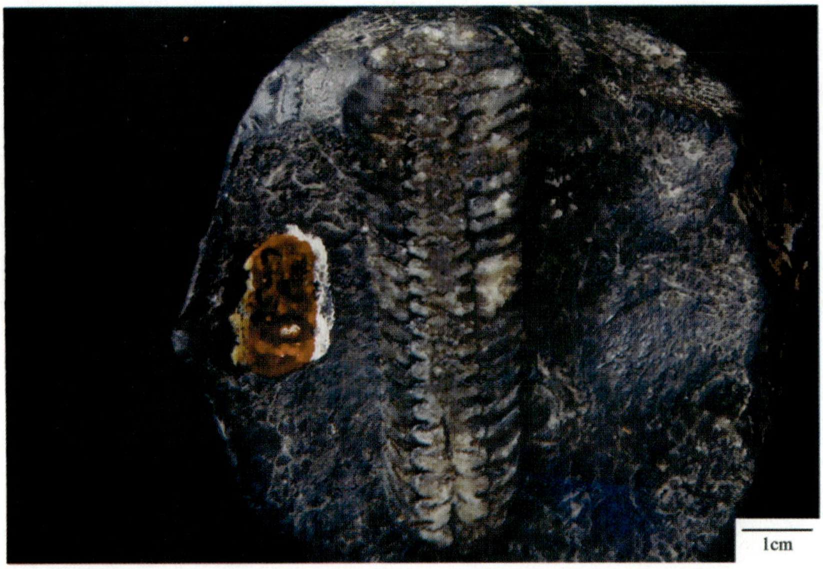

图2-4-1 *Armenoceras*构造图

Armenoceras Foerste，1924（阿门角石）：壳直，横切面卵形，隔壁较密。隔壁颈极短而外弯，常与隔壁接触或成小的锐角。体管大，呈扁串珠形，环节珠发育，有时可看到内体管及放射管。中奥陶世至晚志留世。

图2-4-2 *Sinoceras*构造图

Sinoceras Shimizu et Obata，emend.Yu，1951（震旦角石）：壳直锥形，壳面有显著的波状横纹。体管细小，位于中央或微偏，隔壁颈较长，约为气室深度之半。中奥陶世。

图2-4-3　*Discoceras*构造图

Discoceras Barrande，1867（盘角石）：外壳为盘状，约有五个相接触的旋环，旋环横切面近方形。体管近背面。隔壁颈直。壳面饰有横肋。缝合线直或略弯，弯曲方向与横肋方向相反。奥陶纪。

2.4.2 菊石类化石代表

图2-4-4 *Manticoceras*构造图

Manticoceras Hyatt，1884（尖棱菊石）：壳半外卷至内卷，呈扁饼状。腹部由穹圆形到尖棱状。表面饰有弓形的生长线纹。缝合线由一个宽的三分的腹叶、一对侧叶、一对内侧叶及一个V形的背叶组成。晚泥盆世。

图2-4-5 *Altudoceras*构造图

Altudoceras Ruzheacev, 1940(阿尔图菊石):半外卷至半内卷,盘状。脐较大。壳面饰以纵旋纹和不明显的横纹,至腹部向后弯曲形成腹弯。内旋环具瘤。缝合线的腹叶不很宽,侧叶宽而尖,脐叶呈漏斗状。二叠纪。

图2-4-6 *Pseudotirolites*构造图

Pseudotirolites Sun，1937（假提罗菊石）：壳外卷，盘状。腹部呈屋脊状或穹形，具明显的腹中棱。内部旋环侧面饰有小瘤。外部旋环侧面发育丁字形肋或横肋，具腹侧瘤。齿菊石型缝合线，每侧具有两个齿状的侧叶，腹叶二分不呈齿状。晚二叠世。

图2-4-7 *Protrachyceras*构造图

Protrachyceras Mojs,1893(前粗菊石):半外卷至半内卷,呈扁饼状。腹部具腹沟,沟旁各有一排瘤。壳表具有许多横肋,每一肋上附有排列规则的瘤,横肋常分叉或插入。缝合线为亚菊石式,鞍部也发生微弱的褶皱。中至晚三叠世。

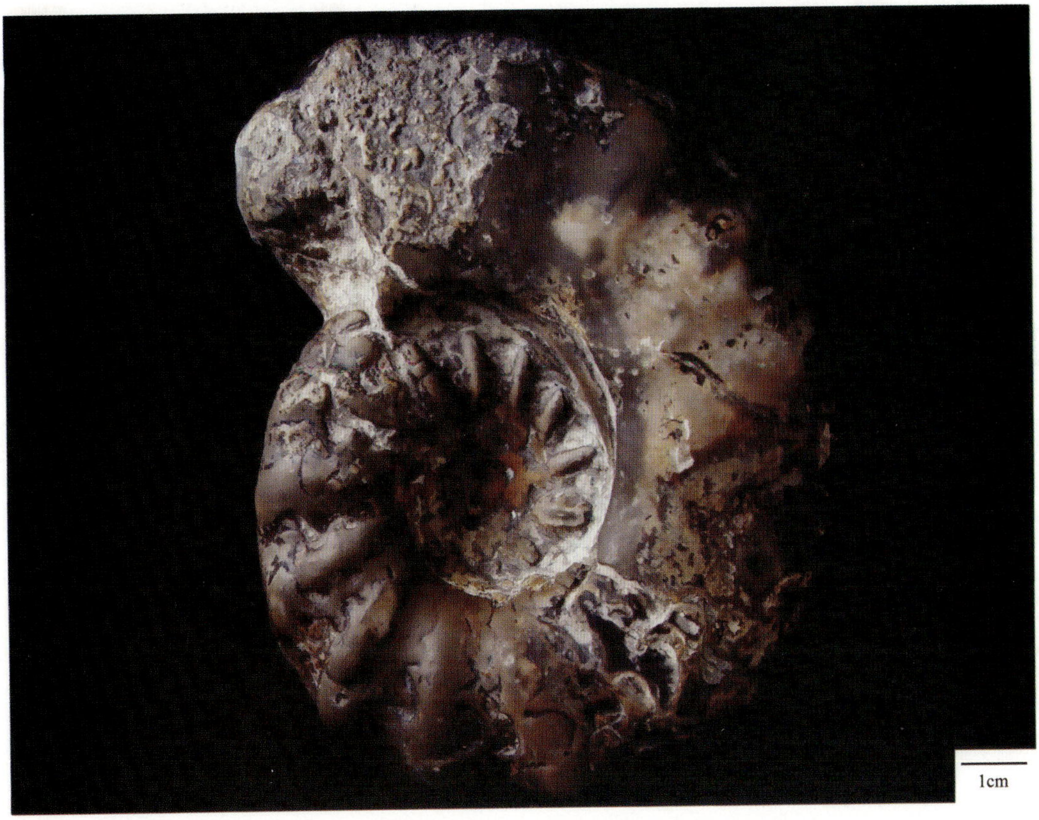

图2-4-8 *Ceratites*构造图

Ceratites Haan，1825（齿菊石）：外卷至半外卷，厚盘状。腹平或呈浑圆形，旋环横断面近方形。壳面饰有粗横肋，在腹侧常结为瘤状。典型的齿菊石型缝合线，腹叶宽浅，侧叶带小齿，鞍部圆。中三叠世。

2.5 实习五 三叶虫

图2-5 三叶虫化石代表

1.*Redlichia*; 2.*Shantungaspis*; 3、4.*Drepanura*; 5.*Damesella*; 6.*Coronocephalus*; 7.*Nankinolithus*; 8.*Ptychagnostus*

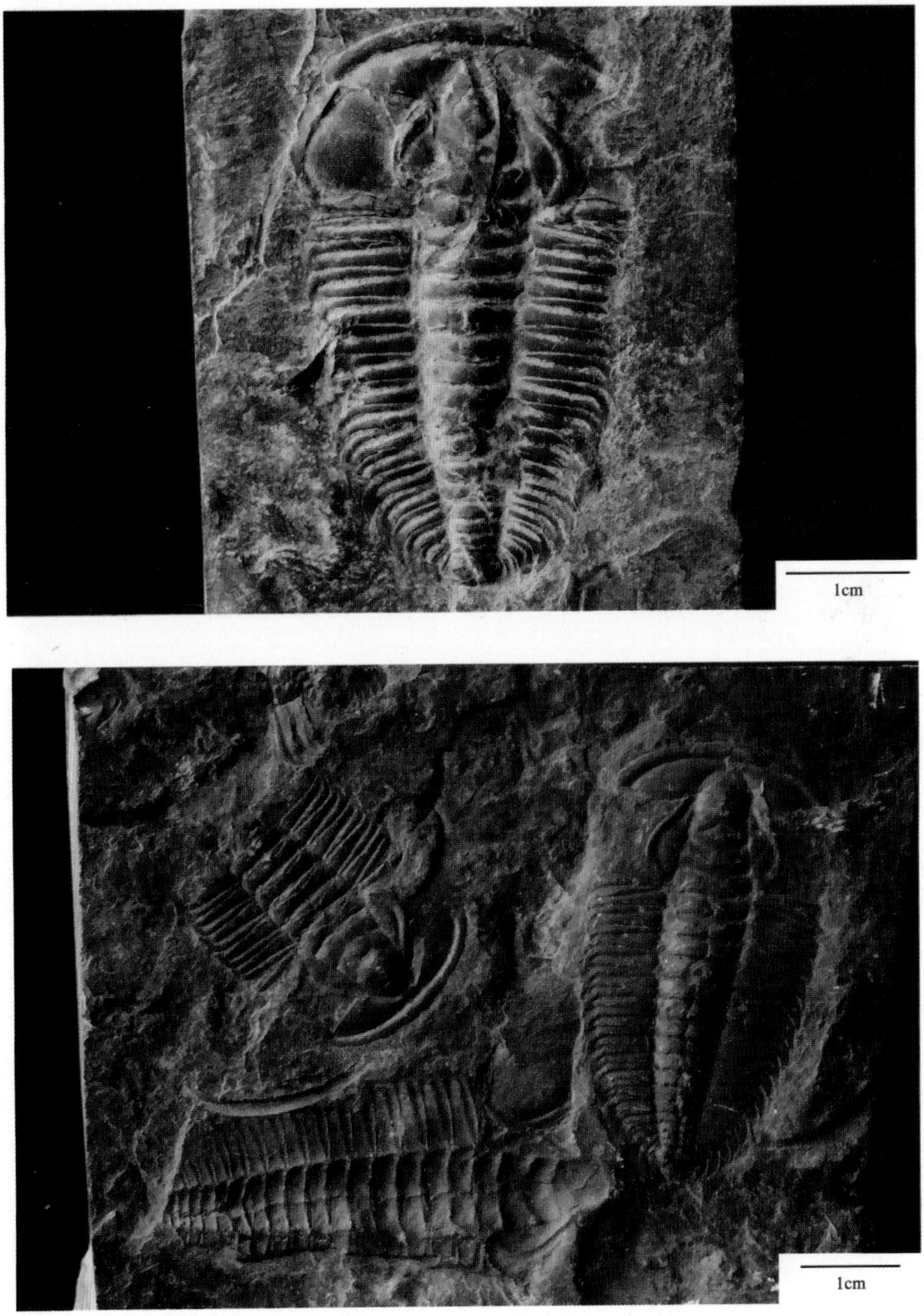

图2-5-1　*Redlichia*构造图

Redlichia Cossman，1902（莱德利基虫）：头鞍长，锥形，具2～3对鞍沟；眼叶长，新月形，靠近头鞍，内边缘极窄。面线前支与中轴成50°～90°夹角。胸节多，尾板极小。亚洲、大洋洲、北非洲。早寒武世。

图2-5-2 *Shantungaspis*构造图

Shantungaspis Chang 1957(山东盾壳虫):头盖横宽,头鞍向前略收缩,具3对鞍沟;具颈刺;内边缘宽,前边缘沟深、宽;外边缘窄而凸,中部宽,向两侧变狭。眼叶中等大小,以平伸的眼脊与头鞍前侧相连,因而眼前翼与内边缘宽度一致。华北及东北南部。毛庄组。早寒武世晚期。

图2-5-3、4　*Drepanura*构造图

Drepanura Bergeron，1899（蝙蝠虫）：头盖梯形，头鞍后部宽大，前部较窄，前端截切，前边缘极窄。眼叶小，位于头鞍相对位置的前部，并十分靠近头鞍，后侧翼成宽大的三角形。尾轴窄而短，末端变尖，尾部具一对强大的前肋刺，其间为锯齿状的次生刺。东亚。晚寒武世早期。

图2-5-5 *Damesella*构造图

Damesella Walcott, 1905(德氏虫):头甲横宽,头鞍长,向前收缩,鞍沟短。无内边缘,外边缘宽,略上凸;眼叶中等大小,固定颊宽。尾轴逐渐向后收缩,末端浑圆,肋沟较间肋沟宽而深。边缘窄不显著,具长短不同的尾刺6~7对。壳面具瘤点。东亚。中寒武世晚期。

图2-5-6 *Coronocephalus*构造图

Coronocephalus Grabau，1924（王冠虫）：头鞍前宽后窄，成棒状，后面狭窄部分被3条深而宽的横沟穿过。前颊类面线，活动颊边缘上有9个齿状瘤，头甲具粗瘤。尾甲长三角形。中轴窄，平凸，向后逐渐变窄，分为35～45节。肋部分节较少，由14～15个简单的无沟的肋节组成。背沟与间沟窄而深。我国南方。中志留世。

图2-5-7　*Nankinolithus*构造图

Nankinolithus Lu，1954（南京三瘤虫）：头甲强烈凸起，头鞍棒状，前部极凸，形成一个明显的假前叶节，具三对鞍沟，后两对较明显。颊叶无侧眼粒和眼脊，饰边分为一个凹陷的内边缘和一个略为凸起的颊边缘，内边缘有3行小陷孔分布在放射形陷坑之内，颊边缘的前部有放射状排列的小陷孔，侧部小陷孔排列不规则。尾甲横三角形，中轴狭，分节明显；肋叶有3对深的肋沟。我国南方。晚奥陶世。

图2-5-8 *Ptychagnostus*构造图

Ptychagnostus Jaekel, 1909(褶纹球接子)：头鞍前叶亚三角形，基底叶被一对浅沟横穿。尾轴末叶三角形，未达后边缘，中部具大的中瘤，尾缘无刺。壳面可具沟纹或小瘤点。中寒武世

2.6 实习六 腕足动物门

图2-6 腕足动物门化石代表

1.*Lingula*; 2.*Cyrtospirifer*; 3.*Dictyoclostus*; 4.*Echinoconchus*; 5.*Sinorthis*; 6.*Yunnanellina*; 7.*Stringocephalus*; 8.*Yangtzeella*

图2-6-1 *Lingula*构造图

Lingula Brugeere，1872（舌形贝）：壳薄，几丁磷灰质，长卵形，后缘钝尖。两瓣近相等，腹瓣稍大，前缘略平直，其中部常略向前突出，腹瓣茎沟明显。寒武纪至现代。

背视

腹视

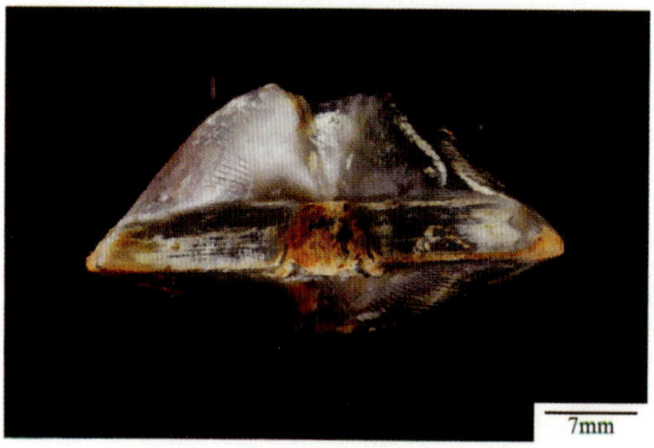

后视

侧视

图2-6-2　*Cyrtospirifer*构造图

Cyrtospirifer Nalivkin，1918（弓石燕）：壳中等大小，双凸，横长方形，铰合线等于或稍大于壳宽。基面宽广，斜倾型。中槽、中褶纵贯全壳。全壳具有放射线；牙板发育。晚泥盆世。

背视

腹视

侧视

图2-6-3 *Dictyoclostus*构造图

Dictyoclostus Muir-Wood, 1930（网格长身贝）：壳大，圆方形，凹凸，腹壳高凸，前方急剧膝折，造成深阔的体腔。铰合线直长，主端钝方，形成耳翼；壳面放射线密布，后部有同心皱，两者相交成网格状；腹壳有稀疏的壳刺。早石炭世。

背视

腹视

侧视

图2-6-4 *Echinoconchus*构造图

Echinoconchus Weller，1914（轮刺贝）：腹壳高凸，背壳微凹或近平；铰合线直长，耳翼小，前方膝折。壳面具同心层，每层上有数排壳刺，每一同心层后缘的壳刺较其前方壳刺粗大。石炭纪。

背视

腹视

后视

侧视

图2-6-5 *Sinorthis*构造图

Sinorthis Wang，1955（中华正形贝）：无疹壳；贝体小，方圆形，平凸至微凹凸，背壳具中槽；铰合线直，稍短于壳的最大宽度；腹基面较高，面平，三角孔洞开；背基面窄，主突起发育。具铰牙，牙板强，腕基发育；肌痕明显。放射线简单，有少数插入的放射线。早奥陶世。

背视

腹视

前视

侧视

图2-6-6 *Yunnanellina*构造图

Yunnanellina Grabau，1931（小云南贝）：壳近三角形，双凸，腹壳缓凸；壳喙弯，顶端为茎孔所截切。铰合线弯短，腹中槽和背中褶发育；壳面具棱形放射线，在前端放射线融合组成粗大的放射褶。晚泥盆世。

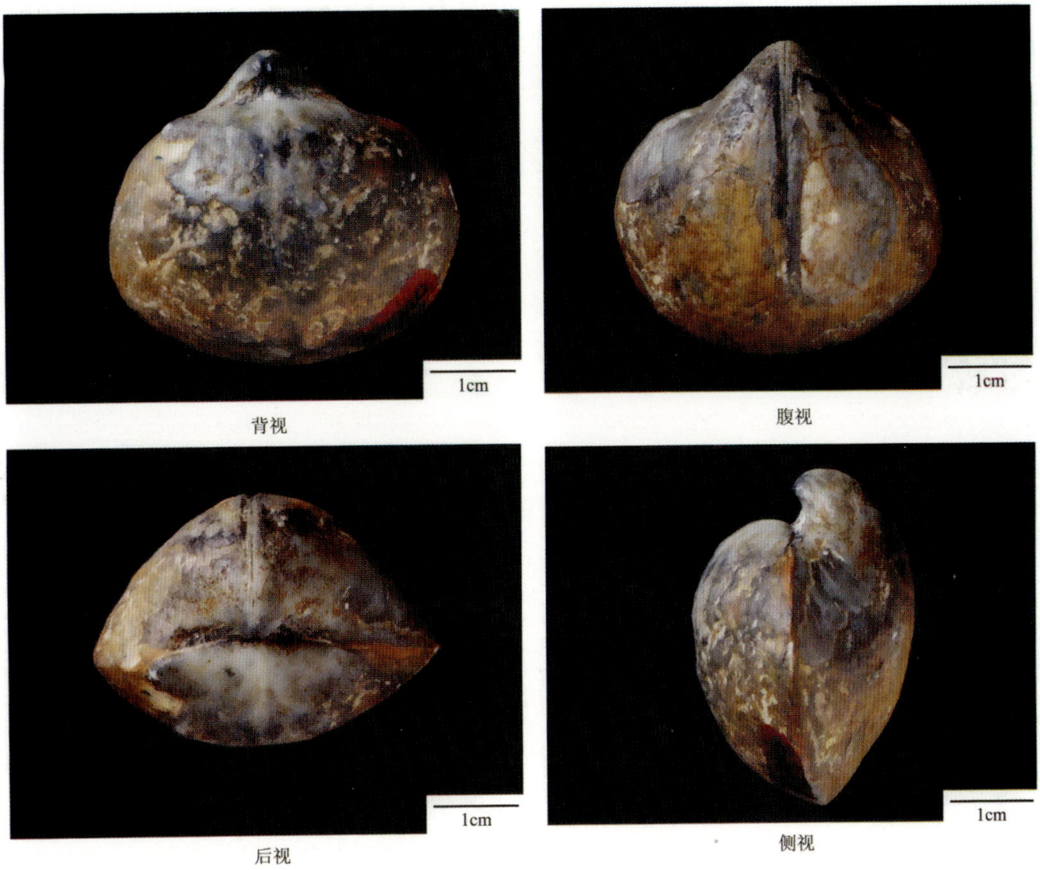

图2-6-7 *Stringocephalus*构造图

Stringocephalus Defrance，1825（鸮头贝）：壳大，近圆形，双凸，腹壳凸度稍高；铰合线短弯，具三角双板，顶端具卵形的肉茎孔；壳面光滑；腹壳内具高大的中板，背壳内具叉形的高长主突起，背中板短，腕环宽长。中泥盆世。

背视

腹视

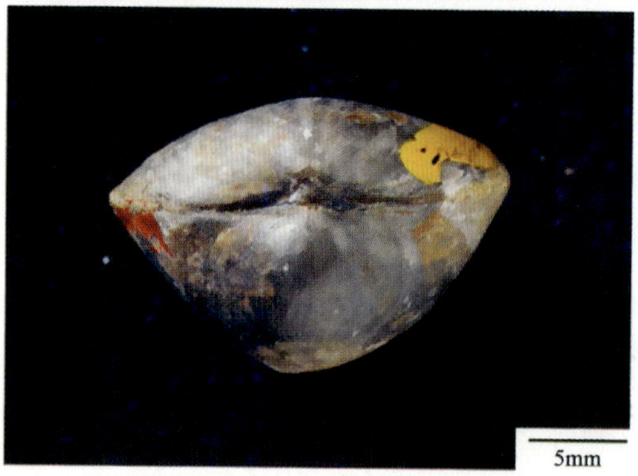

后视

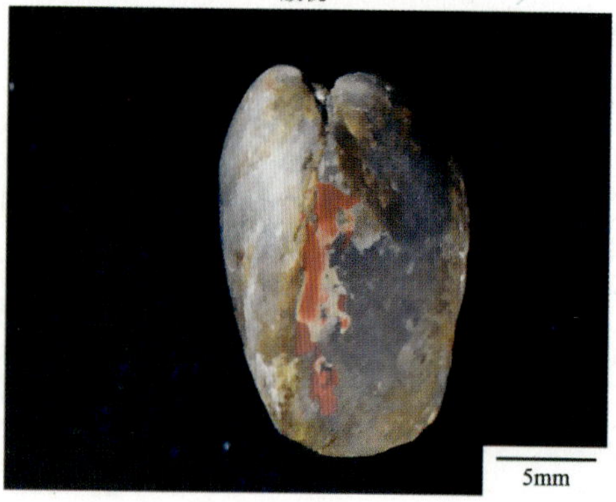

侧视

图2-6-8　*Yangtzeella*构造图

Yangtzeella Kelarova，1925（扬子贝）：壳横方形，铰合线直，略短于壳宽；双凸，背壳凸度较强，腹中槽、背中褶显著；壳面光滑；腹基面高于背基面，三角孔洞开；腹壳内具匙形台。早奥陶世。

2.7 实习七 笔石纲

图2-7 笔石纲化石代表

1.*Acanthograptus*；2.*Didymograptus*；3.*Sinograptus*；4.*Monograptus*；5.*Rastrites*；6.*Climacograptus*；7.*Nemagraptus*；8.*Cyrtograptus*

图2-7-1 *Acanthograptus*基本构造

Acanthograptus Spencer，1878（刺笔石）：笔石体灌木状，分支不规则。胞管细长，几个胞管互相紧靠，形成芽枝，骤视之好像枝上生刺。奥陶纪至志留纪。我国见于华南早奥陶世。

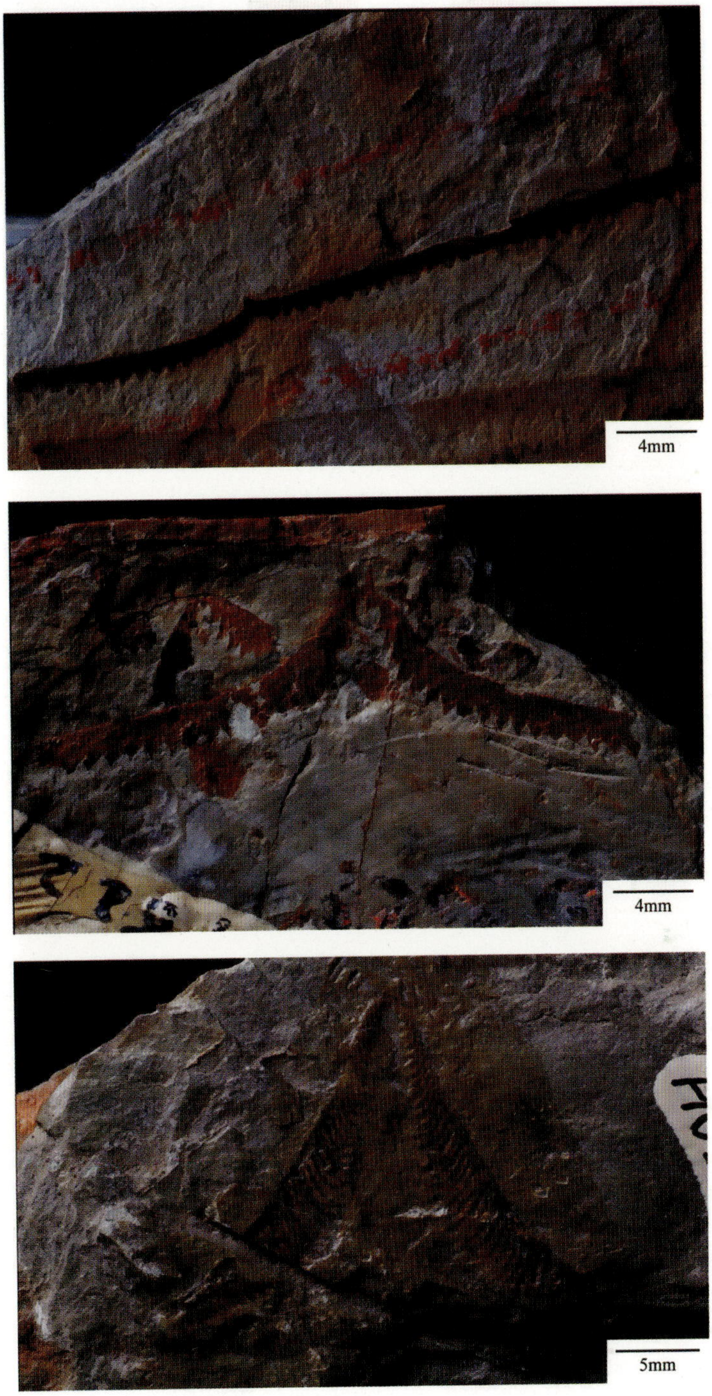

图2-7-2 *Didymograptus*基本构造

Didymograptus McCoy,1851(对笔石):笔石体具两个笔石枝,不再分支,两支下垂至上斜。胞管直管状。早至中奥陶世。

图2-7-3　*Sinograptus*基本构造

Sinograptus Mu，1957（中国笔石）：具两个下垂的笔石枝，胞管强烈褶皱，始部形成背褶，末部形成腹褶，背褶和腹褶顶端均具相当发育的刺。早奥陶世。

图2-7-4 *Monograptus*基本构造

Monograptus Heinitz，1852（单笔石）：笔石枝直或微弯曲；胞管口部向外弯曲，呈钩状。早志留世至早泥盆世。

图2-7-5 *Rastrites*基本构造

Rastrites Barraude, 1850（耙笔石）：笔石体弯曲，钩形，非常纤细；胞管线形，孤立，没有掩盖，有向内弯曲的口部；共通沟纤细，胞管与轴近乎垂直相交。早志留世。

图2-7-6 *Climacograptus*基本构造

Climacograptus Hall,1865(栅笔石):胞管强烈弯曲,腹缘作“S”形曲折,烟斗状;口穴方形。早奥陶世至早志留世。

图2-7-7 *Nemagraptus*基本构造

Nemagraptus Emmons，1855（丝笔石）：两个主支细长而弯曲，有时作“S”形，主支外弯的一侧生有次支（从笔石主支上的胞管管壁上长出的支称为次支），各次支间距离近于相等。中奥陶世。

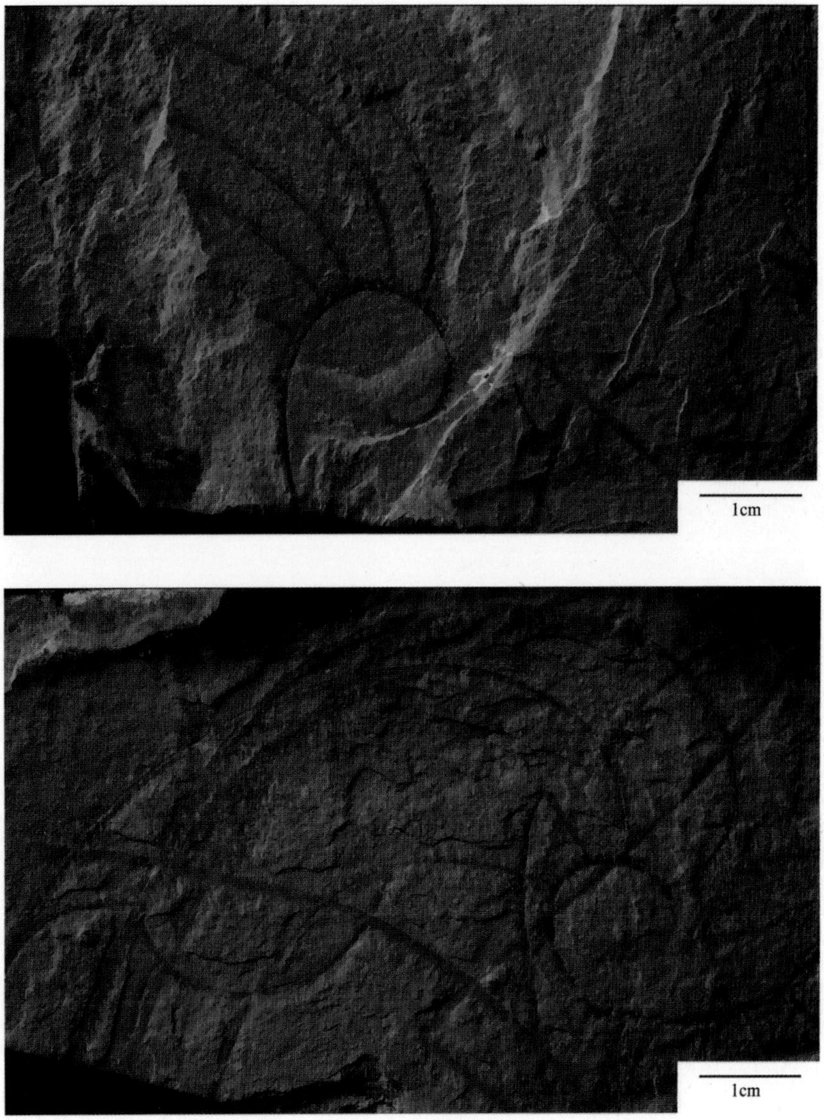

图2-7-8　*Cyrtograptus*基本构造

Cyrtograptus Carruthers，1867(弓笔石)：笔石体或多或少螺旋形弯曲或卷曲；具有胞管幼枝，幼枝有的有二级或更多级；胞管通常为三角形。中志留世。

2.8 实习八 古植物

图2-8 古植物化石代表

1.*Lepidodendron*; 2.*Calamites*; 3.*Annularia*; 4.*Neuropteris*; 5.*Gigantonoclea*; 6.*Dictyophyllum*; 7.*Ptilophyllum*; 8.*Ginkgoites*

2.8.1 石松植物门

图2-8-1 *Lepidodendron*基本构造

Lepidodendron Sternberg, 1820（鳞木）：高大乔木；叶剑形，单脉，螺旋状排列于茎、枝上。化石多为茎或枝表面螺旋状排列的叶座，叶座呈纵菱形或纺缍形，少数横菱形；叶痕位叶座中上部，叶痕中有束痕及侧痕，叶痕上方有叶舌穴，有的种具横纹或中脊。石炭纪至二叠纪。

2.8.2 节蕨植物门

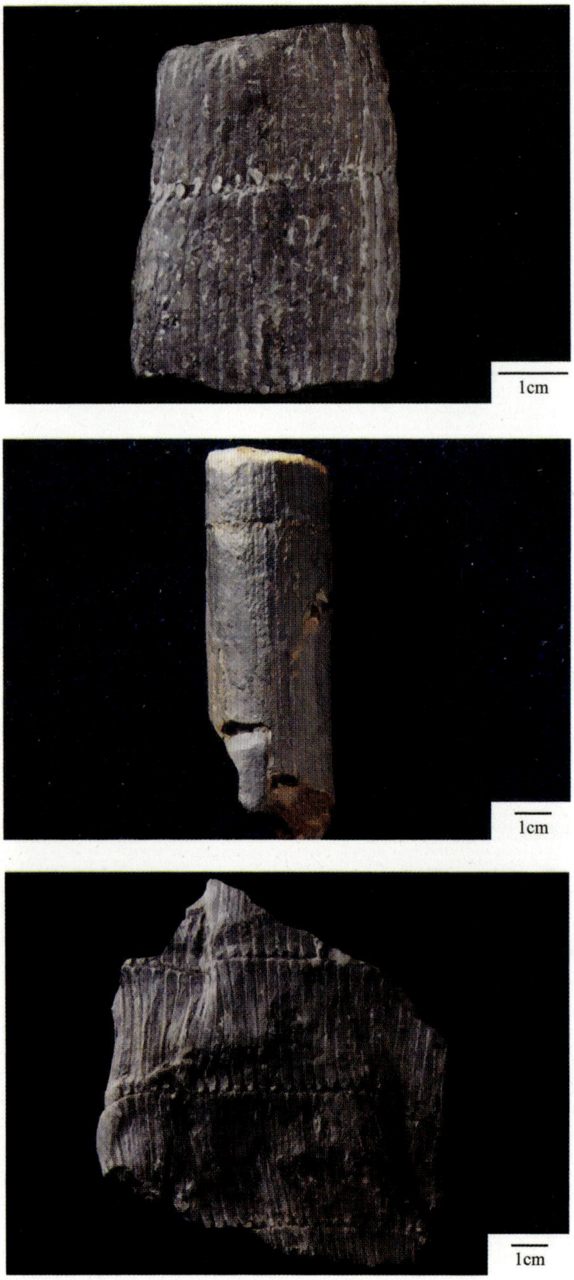

图2-8-2 *Calamites*基本构造

Calamites Suckowi，1784（芦木）：乔木，茎、叶等器官通常分散保存。茎干化石最常见的类型是髓腔充填泥沙所形成的髓模，其节间表面也有纵向的肋和沟。芦木上下节间的纵沟、纵肋在节部相错，纵肋的顶端常具有节下管痕，为通气组织。晚石炭世至二叠纪。

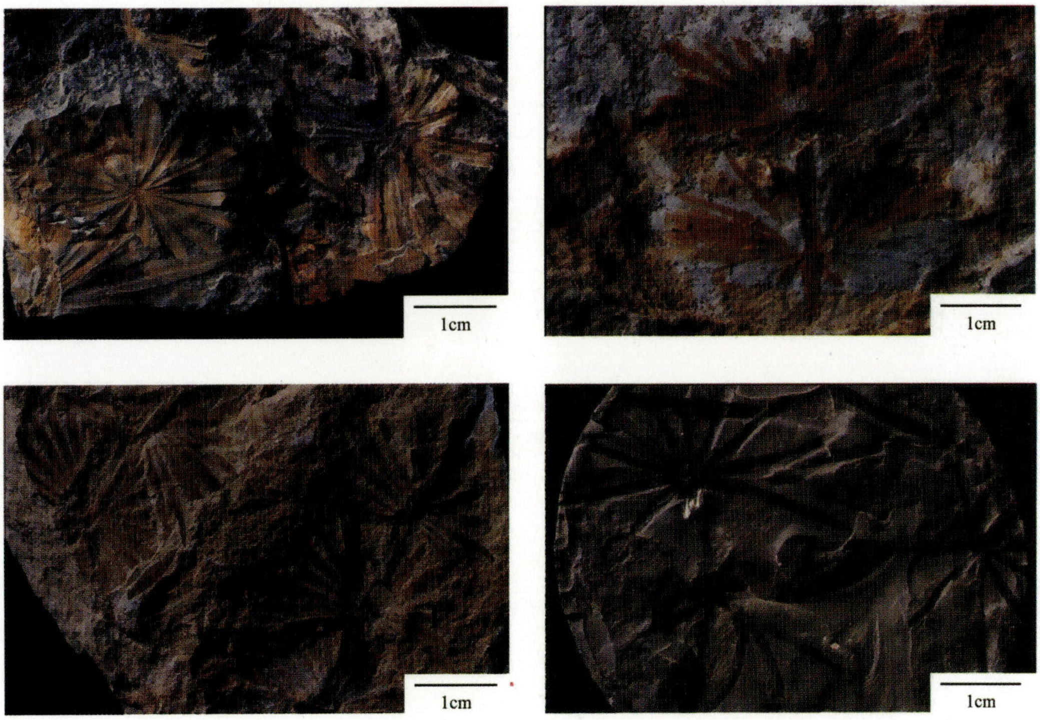

图2-8-3 *Annularia*基本构造

Annularia Sternberg，1823（轮叶）：芦木类的枝叶化石，叶轮生于小枝的节部，与枝夹角很小，几乎在一个平面上，呈辐射状直伸排列。每轮叶6～40枚，单脉，线形或倒披针形，同一轮叶长短相近，叶轮具上叶缺（在叶轮上、下部位有时有一空隙不生叶片处称叶缺或叶隙）或无。晚石炭世至二叠纪。

2.8.3 种子蕨植物门

图2-8-4 *Neuropteris*基本构造

Neuropteris Brongniart，1822（脉羊齿）：羽状复叶，小羽片舌形、镰刀形等，基部收缩成心形，以一点附着于羽轴。羽状脉，中脉伸至小羽片全长1/2至2/3处就分散，侧脉多次二分叉向外弯。早石炭世至早二叠世，以中晚石炭世最盛。

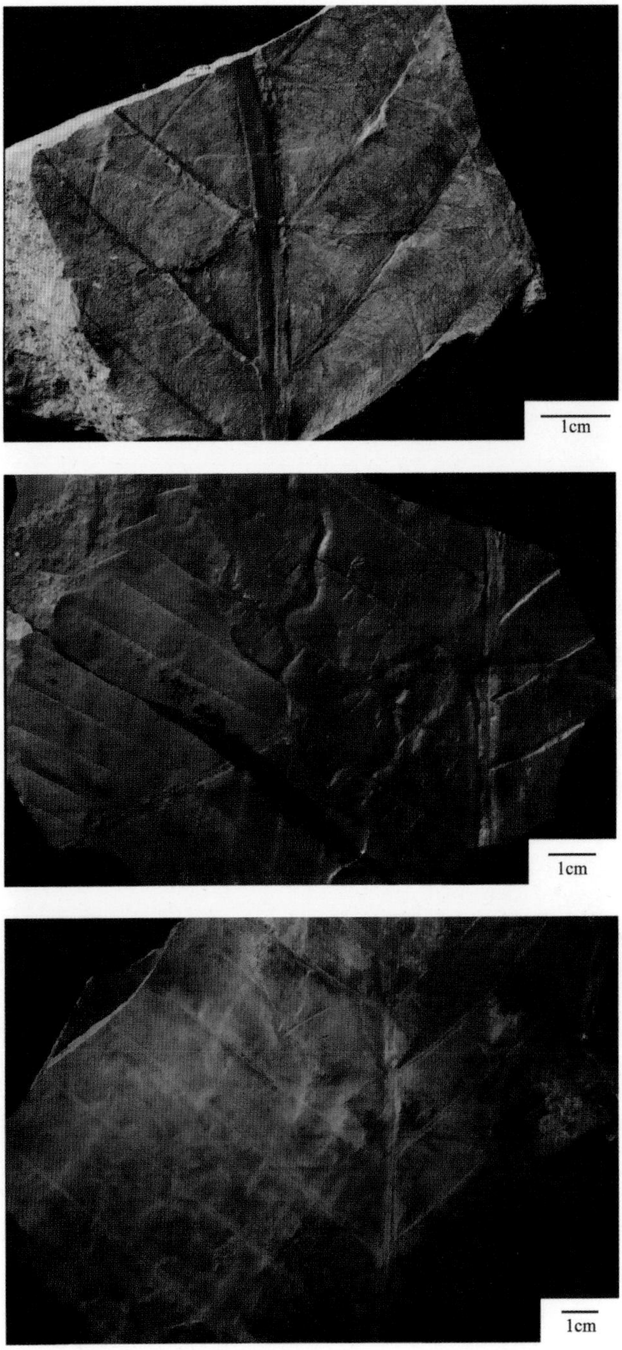

图2-8-5 *Gigantonoclea*基本构造

Gigantonoclea Koidz (emend)(1974)Gu and zhi,(单网羊齿):至少一次羽状复叶。小羽片大,披针形,长椭圆形或卵形,全缘、波状或齿状。中脉较粗,侧脉分1～3级,细脉二歧分叉结成简单网,具伴网眼。二叠纪,早二叠世晚期至晚二叠世早期最盛。

2.8.4 真蕨植物门

图2-8-6 *Dictyophyllum*基本构造

Dictyophyllum Lindley and Hutton，1834（网叶蕨）：蕨叶大，具长柄，柄顶端二歧分叉，每个分枝叉轴式分枝向内弯成弧形，外侧辐射状着生羽片。羽片基部相连或不相连，羽片裂成三角形至镰刀状小羽片，各具中脉，侧脉以直角伸出，结成多角形网格，网内有细脉结成小网，孢子囊群着生于细网孔内。北半球晚三叠世至中侏罗世。

2.8.5 苏铁植物门

图2-8-7 *Ptilophyllum*基本构造

Ptilophyllum Morris,1840(毛羽叶):叶单羽状。裂片线形,似侧羽叶,但基部全部着生羽轴腹面,斜伸。裂片基部上边收缩成圆形,下边略向下延。上面的裂片常为下边裂片叠复一部分。脉平行或放射状。晚三叠世至白垩纪。

2.8.6 银杏植物门

图2-8-8 *Ginkgoites*基本构造

Ginkgoites Seward，1919（emend. Florin，1936）（似银杏）：叶与现代银杏相似，具长叶柄，扇形、肾形或楔形。扇状脉。但常二歧式分裂为2～8个或更多的裂片，每个裂片有近平行的脉4～6条以上。（1）二叠纪至第三纪；侏罗纪至早白垩世最盛。（2）二叠纪至早白垩世。

第三章 古生物化石在地质学上的作用

古生物各门类一块块化石，就像“千层书”，默默向我们指示地层学、沉积学、生态学、古地理学等多方面的作用。因此，古生物学与相关学科，甚至在构造学上都非常紧密，并具有巨大、多方面的作用。

古生物最鲜明的特征，就是本身具有“生物钟”的作用，尤其在沉积地层划分和对比中具有非常大的作用。

3.1 地层划分对比的古生物方法

化石是生物进化论的最好证据。随着地层中出土的化石越来越多，人们发现这样一个规律：不同时代的地层中有不同的生物化石。越是古老的地层，生物越是低等、简单；而越是晚近的地层，生物就越是高等、复杂；地层时代相近，其中生物的亲缘关系也密切，而地层时代相隔很远，生物的亲缘关系也很远。这一切都与所谓物种不变，神创万物的唯心主义谬论相反，它说明了生物是由低级向高级，由简单向复杂，不断发展进化的。化石就像是生物发展的历史“档案”，成为研究生物进化规律的可靠材料。

标准化石法就是利用标准化石进行地层划分和对比。所谓标准化石就是指能够用来明确划分和对比地层的化石。并非所有化石都能作为标准化石使用。标准化石一般需要具备几个特征：一是，演化快，地质时代分布短；二是，地理分布广，有利于进行较大区域的等时性地层对比；三是，特征清楚，易以鉴定；四是，数量多。用标准化石进行地层划分和对比既宏观又便捷。例如只要在地层中发现弓笔石，就是中志留世的地层。我国许多地质时期的生物阶，完全是靠生物属种演化建立起来的。

除标准化石法以外，还有化石组合分析法、百分统计法、谱系演化法、群落古生态法等。总之，通过化石，特别是标准化石，可以确定地层的时代和沉积环境，编出地层表、地质矿产图、古地理图等，并利用它们指导找矿。

需要指出，古生物大古化石对稳定地区正常沉积比较适用，在广大活动地区，一般缺少大古化石，因此，古生物遗迹化石、微体化石也具有同样重要的作用。

遗迹化石在现实许多哑地层中比较发育。以巴颜喀拉山群为例。巴颜喀拉是世界著名的特大型浊积盆地。区内巴颜喀拉山群为一大套既具有浅变质岩系特点又保留沉积岩的原有沉积构造等沉积岩固有特征的成层有序地层。该群难见大古化石，但可见上部大量遗迹化石，这对于化石稀少的巴颜喀拉山群地层尤为珍贵，可以弥补其化石稀少、岩性差别不大、区域难于划分和对比的不足。根据遗迹化石的组合与地层的关系，可划分5个组合带（自上而下）：

（5）*Bergaueria*——*Helminthoidichnites*；

（4）*Helminthoidichnites*——*Circulichnis*；

(3)*Monocraterion*——*Helminthoida*;

(2)*Palaeophycus*——*Paleodictyon*;

(1)*Helminthoidichnites*——*Phycosiphon*。

巴颜喀拉山群中,大量遗迹化石的出现,反映巴颜喀拉山群上部确实存在一个含有不同类型的遗迹化石的砂、板岩互层夹砂岩组的地层单位。

这种不但便于划分,而且内部具有不同类型的遗迹化石的组合带和砂、板岩互层的标志,尚可以进行长距离的盆内对比。中国地质大学(2003)在东昆仑中段划分的巴颜喀拉山群上部为砂、板岩互层夹砂岩组,而左邻右舍划分为砂岩组。遗迹化石的大量出现,佐证我们的划分并无错误之处。而且这套含不同类型的遗迹化石的砂、板岩可以广泛在横向上进行对比。尤其是含有不同类型的遗迹化石,犹如特有的标志,可以不受后期改造的作用的影响,广泛在盆内追踪和对比。因此,遗迹化石在造山带可以弥补其化石稀少、岩性差别不大、区域难于划分和对比的不足,可以大有作为,极大地提高地层划分与对比的分辨率。

微体化石作用更大,不但是稳定地区(正常沉积)的标准化石带,而且常常是我国一些地层时代"金钉子"关键组合带。例如全球二叠系－三叠系界线剖面点的确定,最终就是采用牙形石演化系列*Hindeodus latidentatus-H.parvus-Isarcicellaturgida-I.isarcica*中的化石*Hindeodus parvus*作为二叠系-三叠系界线的标志性化石。

微体化石在造山带的作用,后面还会提及。

3.2 在环境上的作用

人们在研究和恢复古环境的过程中,常常离不开借用埋藏在沉积岩中的各种化石所提供的生物与环境的相互关系为佐证。因而研究者最感兴趣的研究对象之一是生物与其周围沉积岩的关系。生物与环境具紧密的依赖关系,它们是相互作用、相互制约的。每种生物对生存的环境都有一定的要求,生存要素的过多或不足都可能使其生命活动受到抑制,乃至死亡。因此,生物的分异度不但与纬度、温度有关,而且常常与湿度、海水或湖水的深度、地形的海拔高度有关。这种敏感性,使得生物成为指相化石和指示古气候的良好标志。例如:各种介壳类化石往往指示滨、湖岸环境;完整的头尾相连的三叶虫往往指示水动力不强的环境,破碎的各种三叶虫往往指示了强大的水动力环境;海百合茎、生物礁等,都是浅海的标志;恐龙足印化石是滨湖环境的标志。

生物化石的古生态研究是重建地史时期古地理、古气候的重要依据。每种生物都是生活在一定的环境,适应环境的结果。各种生物在其习性行为和身体形态构造上都具有反映环境条件的特征,利用这些特征就可以推断生物的生活环境。例如:海生生物化石珊瑚、有孔虫等反映海洋环境;陆生植物叶片、树根、昆虫等则反映大陆环境。根据一个地质时期各种生物化石的生活环境和气候条件的研究,就可以推断该时期的海陆分布、海岸线位置和湖泊、河流、沼泽的范围等。古环境和古气候的重建对地质历史的了解是十分重要的。此外,生物的硬体部分还可以形成反映古环境、古气候的岩石标志,如介壳岩反映海滨环境,生物岩礁反映低纬度暖海环境,泥炭或煤反映潮湿沼泽环境等。

在20世纪70年代大洋考察后发现，大约有150处的地方存在极端生物群。它们生长在太平洋中脊和大西洋海隆等特定部位的多处地方，在水深2 000m左右的现代热液喷口周围生活着以管状蠕虫、蛤类、贻贝类为主体的特殊生物群落，它被认为是深海生物学近一百年来最激动人心的发现。这些极端生物群个体都比较大。1977年在加拉帕戈斯玫瑰园发现的管状蠕虫，长1.5m，直径3.7cm，有的个体长超过2m。该区域内与之共生的最常见的生物是双壳类。在有些喷口区（如东太平洋海隆），蛤类十分丰富，常围成弧形，且个体也很大。已发现的标本长达25cm，远远比地质时代的双壳类要大。对这些极端生物群就不能“将今论古”、“一概而论”。

3.3 在大地构造研究上作用

以往古生物在槽区大地构造上难以发挥作用。这是因为槽区古海洋地区通常是个复杂的压缩密集的构造单元，记录了多期洋盆扩张消减、多个陆块汇聚碰撞的造山过程，代表了板块间的相对运动以及消失的大洋。陆块和大陆边缘盆地由于发生过多期强烈的构造运动、变质变形作用、同造山沉积作用等，再加上后期的改造作用，使得造山带古海洋记录发生了翻天覆地的变化，因而存在一系列反序特征。

把不同时代的混杂岩区分开，这就需要大古化石和微体化石，常常更需要微体化石。所谓的微体化石主要指放射虫、牙形石、孢粉等。时代分析是地质历史研究的基本内容，对无序地层也不例外，理想情况下，应对测区划分的所有的基本岩石组合确定时代归属。因此要尽可能获取各种年代信息。主要通过注意对化石的寻找和鉴定。如蛇绿混杂岩、洋岛混杂地层要注意大化石的寻找。在缺少大化石的情况下，要系统取样进行放射虫、牙形石、几丁虫、疑源类和孢粉等微古生物地层研究，以查清构造混杂岩带内不同来源、不同时代、不同大小的构造混杂岩片的时空序列，进行较准确的时代归属。在此基础上，要打开古海洋、再造古地理。

在全球构造上，全球古大陆再造主要依据资料包括，古沉积、古气候、古地磁、岩石学、古构造和古地理等。其中的古沉积、古气候、古地理都离不开古生物学的资料。因此，研究全球构造，古生物学资料起着重要而且关键作用，尤其离不开生物古地理分区的资料。

此外，古生物在高原隆升方面往往起着决定性的作用。生物与环境具紧密的依赖关系，它们是相互作用、相互制约的。每种生物对生存的环境都有一定的要求，过多或不足都可能使其生命活动受到抑制，乃至死亡。因此，生物的分异度不但与纬度、温度有关，而且常常与湿度、海水或湖水的深度、地形的海拔高度有关。这种敏感性，使得生物成为指相化石和指示古气候的良好标志。尤其是古植物受气候的影响比动物更明显，海拔高度不同会引起温度、降水、大气成分等差异，导致气候、土壤以及生物分布的垂直分带性。在高原山区，它们的垂直分带十分显著，从下往上，由热带植物群逐渐变为寒冷植物群。已故著名植物学家徐仁先生曾应用高山栎化石研究青藏高原隆升历史。他在西藏聂拉木县希夏邦马峰北坡海拔近6 000m地带，发现在上新世中、晚期的砂岩层，产有一个高山栎化石层，内部由高山栎、类似黄背栎、灰背栎和其他种类的叶化石组成。现在保存高山栎化石产地的气候十分寒冷。将今论古”，他“发现现代高山栎是一种分布在喜马拉雅山区和我国西南湿润地带的常绿乔木，多生长在海拔2 200～3 600m，由此推测青藏高原在上新世中、晚期青藏高原隆升到3 000m左右。因而利用动、植物作为气候环境变化的敏感的指示物，不仅对动、植物演化提供了最直接的证据，而且为认识地史时期的高原隆升提供了非常直观标志。

3.4 在找矿方面的作用

化石是寻找某些沉积矿产资源的“向导”。沉积矿产在地下储藏是有一定规律可寻的。尤其在能源矿产和一些金属矿产上。

能源矿产虽然需要各种条件，但物质来源始终是重要的条件，以碳酸盐岩烃源岩为例。

对碳酸盐岩烃源岩来说，有机质类型主要受母质来源、沉积环境及成岩作用影响。母质来源是决定有机质类型的重要因素，而沉积环境是影响有机质类型的又一因素。在还原条件下形成的碳酸盐岩，其有机质可免遭氧化作用。因此，沉积环境决定了有机质类型，也影响有机质生烃潜力。因此，有机质的丰度是反映烃源岩生烃潜力的一个十分重要的指标（表1）。

有机质丰度主要看有机炭，从国内外对油气勘探成果统计来看，凡有机质含量大于0.5%，属于较好的烃源岩。从四川广元大隆组自下而上各层有机炭都远远大于2%。从优质烃源岩看，中部最高，向下、上逐渐变低，其中下部相对较低（表3-1）。

表3-1　晚二叠世大隆组有机炭丰度

样品号	层　位	岩　性	有机炭TOC(%)
CP10-1	10	钙球藻屑泥微晶灰岩	3.178
CP7-1	7	微、泥晶灰岩	5.157
CP6-2	6	泥粉晶灰岩	2.509
CP6-1	6	泥质粉晶灰岩	4.811
CP5-2	5	钙球生物碎屑炭泥岩	6.573
CP5-1	5	钙球炭泥质微-粉晶灰岩	12.45
CP4-1	4	含泥微晶灰岩	3.624
CP3-1	3	炭泥质微晶灰岩	3.856
CP2-2	2	炭质泥岩	4.088
CP2-1	2	炭质泥岩	2.911

由中国地质大学（武汉）教育部生物地质与环境地质重点实验室分析测试

从各层有机炭含量变化上看，它们与生物多样性密切相关。下部生物比较单调，有机炭含量表现相对较低为3%～4%；中部生物呈现多样性，尤其是藻类、钙球比较丰富，有机炭含量为6%～12%；上部生物尽管也呈现多样性，但藻类、钙球大幅下降，有机炭含量为3%～5%。

需要指出是低等生物的藻类、钙球，特别是藻类与有机炭具有正相关性关系。藻类含量高，有机炭含量呈现递增，它们分别可以达到3%、4%、5%、12%，表明有机炭与低等植物有密切关系。

这些微生物除生命力顽强、生长快、分布广以外，它们可能还具有粘结有机质的功能。如藻类在生物礁形成作用中，功劳往往要占首位，它们不但可以与其他造礁生物一起抗浪，而且可以粘结碳酸盐，因而在形成优质、优良质烃源岩中，它们不但可以分泌大量有机质，而且往往与灰黑钙质沉积物相间，成为斑状、细纹带状。表明这些藻类在生长过程中，总是先分泌有机质，然后粘结钙质沉积物，犹如捕蝇纸粘苍蝇一样，一层有机质，一层钙质，形成纹层相间粘结生长迹象，可以说，这些藻类具有捕集作用的功能，因而在形成优质、优良质烃源岩中的作用也是显而易见的。

作为优质、优良质烃源岩主要来源之一的生烃母质生物，不完全出现在海侵序列。在缺氧、还原的沉积环境由深变为相对浅的时期，也可以造成大区域生物群的多样性和繁盛。这是因为作为内陆棚的环境在地貌单元上与前后地貌单元有密不可分的紧密关系。靠岸方向受亚浅海作用的影响，靠大陆坡不时受海底的洋流与底流的改造。靠岸紧靠亚浅海，极易受亚浅海生物群多样性影响，出现浅水生物和较深水生物混生的现象。

不断的洋流作用，往往也给陆棚海洋生物和微生物带来了营养。许多研究也表明，海相高有机质丰度烃源岩的形成与沿岸型、赤道辐散带型、反气旋型等上升洋流的关系密切。上升洋流富磷、富硅、富铁族元素等营养盐和富绿硫细菌，大大促进了有机质生产力、埋藏率的激增。这在现代海洋中已得到证实，沿世界各海洋盆地东部亚热带海岸，由于高营养水体的上升洋流和充足的阳光导致水体中海洋生物大量繁殖，这样就具有高度生物生产率，从而形成富有机炭的海相沉积。如秘鲁式海岸上升流、东太平洋赤道上升流都可以形成高生产率带，生物群特别丰富，从而带来有机质也特别富集。硅质生物发育也是上升洋流标志之一，据对现代台湾浅滩南部上升洋流区研究发现，那儿发育大量硅藻，它们死亡后，以硅藻土、硅质薄层等形式沉积下来，经脱水、成岩后，形成硅质薄层和硅质结核等。

如果我们将今论古、将古比今，上、中扬子古陆北缘大隆组时期洋流作用的标志也比较频繁。上扬子地区的多层小砾屑和高炭质组分，深水和浅水动物混生、生物的多样性等；中扬子地区也有多层小砾屑和高炭质组分，也出现微体生物群深水和浅水动物混生等。这种多次上升洋流作用，不但给沉积物打下烙印，而且源源不断从下层将营养盐类携带到表层水，使得海退期的生物群更加繁盛，大大促进了有机质生产力的激增，极有利于本区大隆组广阔范围内优质、优良质烃源岩的发育。

因而从外陆棚-内陆棚转换的沉积环境，往往也是地史上烃源岩发育极好的场所，是一个不容忽视的找油部位。

能源煤系素有“化石的燃料”之说。众所周知，煤系是由古植物经过泥炭化和炭化作用形成的。

生物作用是形成矿产的重要因素之一，世界上已报道过铜、铅、锌、铁、锰、锑、汞、锡、金、铀和磷等矿的生成，无不是与生物活动有关。在自然界中可见到叠层石与多种沉积矿产相联系。如金属矿种的铁、锰、铜、铅、锌、金、铀等；非金属矿种的磷块岩、菱镁矿、白云岩和石灰岩等；可燃性有机矿种的煤、石油和天然气等。据目前调查，我国叠层石和造叠层石的微生物群落与矿有直接或间接关系的矿床实例很多，如：河北宣龙式铁矿、云南东川式铜矿、山西中条山蓖子沟型铜矿、河北兴隆高板河黄铁（铅锌）矿、内蒙古甲生盘铅锌硫矿、华南地区震旦系陡山沱组大型磷块岩矿、辽东大石桥菱镁矿、蓟县石灰岩矿、大巴山寒武系石煤以及华北、松辽含油盆地等。另外，叠层石碳酸盐岩是高级建筑材料，如旅大的“东北红”、河北和北京的“螺丝转”、江苏徐州的“菊花大理石”和安徽灵壁的“灵璧玉”等都是装饰大型建筑物的优质材料。由此看来，研究叠层石和造叠层石微生物的成矿作用，总结其成矿规律，不仅对寻找和扩大开发矿业资源领域具有实际意义，而且对生物成矿学的发展提供了充实的实际材料。

生物礁与金属、石油的成矿作用的关系也是众所周知的。生物礁与油气田的关系早已被国内外石油地质学家所注意，并被写进教科书中。生物礁因其高孔渗特性而往往成为高产油气井、大油气田的极好储集体。

近年来，生物礁（礁硅岩套）与金属矿床的关系也被金属矿床学家、地球化学家所重视，并认为礁硅岩套是一种重要的含矿岩石组合，是超大型矿床的岩套组合之一，这是正常沉积作用、生物作用、热水沉积作用、岩石圈深部岩浆作用等综合作用形成的产物。与生物礁有关的建南气田的发现，着实让国内油气地质学家为之振奋，他们进行了一系列关于生物礁的形成、特点与油气关系的研究。

生物礁与礁硅岩套形成的地质背景、岩石、矿物、生物组合均有很多相似之处，礁－白云岩化－膏盐－油气矿床－金属矿床之间有着密切的联系。礁硅岩套是由不同地质作用形成的、不同岩石以较为固定的时空有序的状态组合而成，是在特殊的地质背景中盆地演化到一定阶段的产物，它是由盆地正常沉积作用、盆地中的生物作用、盆地下源的热水沉积作用和岩石圈深部的岩浆作用而综合形成的产物。

与生物礁相关的金属矿床有：①内蒙古中元古代的白云鄂博超大型稀土铁矿床，产于裂谷盆地中；②广东大降坪震旦纪超大型黄铁矿床；③海南石碌的震旦纪大型富铁矿床；④秦岭泥盆纪，毕家山大型铅锌矿床，厂坝－李家沟超大型铅锌矿床；⑤华南二叠系的水口山铅锌金矿床；⑥新疆中元古界彩霞山铅锌矿床；等等。

生物礁的成矿作用在于：大量造礁生物不但能起富集金属的能力，而且礁体本身能够提供良好的矿液停积空间。礁相本身含有大量生物群落。这些群落在生长、死亡过程中，对海水的pH值、En值产生很大影响，如藻类的光合作用吸收水中的CO_2放出O_2，使海水中En值升高，pH值降低；生物死亡遗体腐烂，分解出H_2，使海水中En值降低，pH值增高。水体中不同的pH值、En值，往往造成不同元素富集的有利条件。礁体本身往往起屏障作用，在其后侧，流速减慢，所带矿质也易于在富含有机质的礁后相中发生沉淀。

3.5 不断开拓新领域

应当看到迄今为止的古生物学多以稳定地台“正常沉积”为主要载体。离开了这个主要舞台，在广大的活动沉积区（复理石、混杂堆积、洋壳堆积区）和哑地层区（红土、风成砂岩、白云岩与蒸发岩等），传统的化石基本上找不到，而古生物学应用地球生物学特别是地球微生物学的理论和技术，已经能够在这些地区发现分子古生物和化石微生物及其活动记录，从而为古生物学和生物地层学创造了新的应用领域。

地球生物学是古生物学的继承和超越，而这方面研究具有广阔的前景。地球生物学发展的重点是地球微生物学，因为宏体生物虽能反映地球环境对它们的影响及它们对环境的适应，但除植物外，它们对环境的影响有限。生物圈与地圈双向的相互作用必须从地球微生物学研究着手。生命科学和整个自然科学都在向微观发展，不断形成新的理论和技术方法。古生物学不能停留在以古动物学、古植物学为主的阶段，而要与生命科学和整个自然科学保持同步发展。现在我们已经找到了解决微生物与地质研究结合的两大困难的途径。微生物功能群的地质学意义是研究地球微生物学的突破口。地球生物学是古生物学的继承和超越。分类系统学将继续是研究的基础。但是包含了传统古生物学的地球生物学在学科内容和技术方法上将与物理、化学、生物等学科有更多的交叉融合。其结果将使古生物学在时间上更前溯，在空间上更开拓；为古生物学在地球系统科学研究和为国民经济主战场服务中开辟更广阔的前景。

因此，学好古生物学是相当重要的，它不但本身具有自己的功能和发展的生命力，而且与地质学相关学科息息相关，是地质学最重要的专业基础课之一。

特别鸣谢

最后十分感谢殷鸿福、童金南、龚一鸣、吴顺宝、何卫红教授等在繁忙之中，抽空对本书进行了把关和提出了一些很好的建议。研究生张鹏对附图进行了必要加工，为本书增色作出了贡献。同时也十分感谢学校职能部门对我系实验室可持续发展多年来从财力、物力给予大力支持以及为本书出版给予一直的关心和支持。

参考文献

1. 童金南，殷鸿福主编.古生物学.北京：高等教育出版社，2007

2. 徐仁.大陆漂移与喜马拉雅山上升的古植物学证据.见：中国科学院青藏高原综合科学考察队.青藏高原隆升的时代、幅度和形式问题.北京：科学出版社，1981，8～18

3. 殷鸿福.谈地球生物学的重要意义，古生物学报.2009，48(3)：293～301